Photoshop CS3 中文版

商业设计完美提案

籍 宁 杨彦岭 编著

电子工业出版社
PUBLISHING HOUSE OF ELECTRONICS INDUSTRY
北京·BEIJING

内 容 简 介

本书重点讲解Photoshop CS3中文版在商业案例中的设计思路与操作技巧。全书以14个不同类型的实例进行讲解，如"爱在夏日"电影海报、咖啡产品手册、食品包装、插画设计、聊天器设计、滑板图案等内容，囊括了商业海报、DM宣传品、包装设计、鼠绘类设计、网络设计和工业设计六大商业应用领域。全书以深入剖析的形式，表现实例从最初的创意过程到软件运用实现的制作流程。每个案例还附有"技艺拓展"环节，重点讲解与本章案例相关的软件操作技巧，引领读者逐步深入理解Photoshop CS3软件的技术精髓。

本书案例精彩实用，全部由作者原创。全书结构独具匠心，力求读者在学习软件操作的同时扩展设计思路，并且学以致用，轻松完成各类商业广告的设计工作。

本书适合希望全面掌握Photoshop制作技巧的读者、各类专业设计人员、对创意理念与设计表现手法感兴趣的读者阅读，同时也可作为高等院校平面设计专业的辅导用书。

图书在版编目 (CIP) 数据

Photoshop CS3中文版商业设计完美提案／籍宁，杨彦岭编著.—北京：电子工业出版社，2008.10
ISBN 978-7-121-07225-3

I. P… Ⅱ.①籍…②杨… Ⅲ.图形软件，Photoshop CS3 Ⅳ.TP391.41

中国版本图书馆CIP数据核字（2008）第119402号

责任编辑：彭慧敏
印　　刷：中国电影出版社印刷厂
装　　订：三河市皇庄路通装订厂
出版发行：电子工业出版社
　　　　　北京市海淀区万寿路173信箱　　邮编 100036
开　本：787×1092 1/16　　　印张：23.25　　　字数：696千字　　　彩插：4
印　次：2008年10月第1次印刷
印　数：1～5000册　　定价：79.00元（含光盘1张）

凡所购买电子工业出版社图书有缺损问题，请向购买书店调换。若书店售缺，请与本社发行部联系，联系及邮购电话：(010) 88254888。

质量投诉请发邮件至zlts@phei.com.cn，盗版侵权举报请发邮件至dbqq@phei.com.cn。

服务热线：(010) 88258888。

PREFACE 前言

本书编写目的

很多学习Photoshop的人都有过这样的迷惑：

创意与表现手法的关系犹如画家与画笔的关系，没有一支用来绘画的笔，如何能画出那迸发的灵感？一个好的创意，如果没有合适的表现手法将其呈现，将直接导致整个设计的失败。

在设计过程中迷失方向，有一种"不知道怎么做下去"的感觉，从而开始质疑自己的思维方式，头脑中的技术知识不系统，勉强拼凑在一起只会越理越乱。

作为本书作者，我们真心希望帮助那些期待进入设计领域而又苦于缺乏技巧、难以将创意与表现手法完美结合在一起的读者。我们以多年的设计工作经验，向读者讲解Photoshop CS3中文版在各种商务设计中的应用，对目前应用最多的商业案例进行了详细而深入的创意分析，使读者在全面了解Photoshop CS3中文版的同时，亦能从中延伸创作思维，将理论与实践完美结合，在设计思想与软件操作上都能够做到清晰、流畅。

设计需要精益求精，不断地完善；设计需要挑战自我，向自己宣战！希望读者通过对本书的学习能够从中获得启发，开拓思维，在商业领域中创作出更精彩的作品。

本书特色

商业案例的多样性： 本书以目前应用最多的商业案例为主体，配合绚丽多彩的实例制作，如各种风格的广告设计、产品包装设计、UI设计、网页设计、各种手绘设计等内容，进行了详细而深入的分析。

思路的层层引导： 书中每一个实例，在讲解内容中涉及制作宗旨、制作尺寸、色彩应用等内容，读者在学习实例的同时，激发创作灵感。

知识点的延伸： 为了拓宽读者的知识面，在编写过程中针对每一个案例讲解的商用类型均添加了与之相关的知识点。比如我们最熟悉的电影海报，它使我们对电影的第一印象极为重要。在本书中，我们从电影海报的常识及受众对象讲起，逐步进行色彩运用及素材选用的剖析，增加了广告知识和技术分析部分，这样读者在阅读时不仅可以学习到更多的知识，还能提高设计领悟能力。

基础知识的应用： 通过操作过程中对图片及装饰图案知识与操作技法的学习，可使读者了解并掌握照片或图片在平面设计中的实际构成。

鉴赏能力的提升： 通过对本书的学习，读者可从较为新颖的平面设计案例中提高自己的艺术鉴赏能力。

教学形式

本书采用图文对照的讲解方式，设计思想与技术讲解并重，实例操作步骤详细，读者通过对本书的学习，即可轻松掌握全部内容。随书附赠超值光盘，收录本书的全部效果图及实例分层图以供读者赏析学习。

读者对象

本书适合希望全面掌握Photoshop制作技巧的读者、各类专业设计人员、对创意理念与设计表现手法感兴趣的读者阅读，同时也可作为高等院校平面设计专业的辅导用书。

籍 宁 杨彦岭

PART 01 ◉ 海报设计精选 >>>
Poster Design

Chapter 01 不要等到最后一刻 ● 难易程度 ◆◆◆◆◇

实例种类	海报设计精选——公益海报设计。
作品意图	此作品是社会公益宣传、共同保护地球从我做起。
技术要领	主要应用"杂色滤镜"、"闽值命令"、"分层云彩"等功能进行设计制作。

公益海报设计包括医疗卫生、环境保护、反战、建设节约型社会、戒烟、交通安全等内容，通过本实例的练习可以制作出类似的实例。

PART 01 ◉ 海报设计精选 >>>
Poster Design

Chapter 03　身临其境　　　　　◉ 难易程度　◆◆◇◇◇

实例种类	海报设计精选——产品海报设计。
作品意图	纷乱喧嚣的信息大潮中，如何将自己的产品与其他产品区分开来，这就需要独特而具有个性的产品特征。
技术要领	本实例主要介绍了如何使用"液化滤镜"，将图片元素进行变换，设计出符合创意的样式。

产品海报关注的是企业与目标消费者之间、建立品牌与促销产品之间相互影响的关系，期望建立一座有益沟通的、互动的信息桥梁，成为企业完成市场战略的重要手段之一。通过本实例的练习可以制作出类似的实例。

PART 02 DM宣传品部分 >>>
Publicity Materials Design

Chapter 06 情意咖啡　　●难易程度　◆◆◆◇◇

实例种类	DM宣传品设计精选——宣传手册设计。
作品意图	营造完美的时尚娱乐空间，环境温馨，服务周到，带给都市人酣畅淋漓的休闲体验。
技术要领	本实例使用Photoshop中的多种功能，将图片、照片巧妙结合起来，制作出浪漫十足的宣传手册。

宣传手册设计包括公司简介设计、产品手册设计及企业形象画册设计等内容，通过本实例的练习可以制作出类似的实例。

PART 03 ◉　包装设计精选 >>>
Packaging Design

Chapter 08　玉米片包装　　　　◉难易程度　

实例种类	包装设计精选——食品包装设计。
作品意图	将现有三种口味的玉米片，用大方、时尚、便于携带的思路通过包装设计表现出来。
技术要领	本实例主要应用"高斯模糊滤镜"、"抽出滤镜"、"图层样式"和"羽化选区"等功能来进行设计制作。

↑食品包装设计包括小食品包装设计、休闲食品包装设计，如饮料包装、茶叶包装、礼盒包装、烟酒包装、巧克力包装、瓜子包装、牛奶包装、面包包装和雪糕包装等。通过本实例的练习可以制作出类似的实例。

PART 06 ◉　工业设计精选 >>>
Industrial Design

Chapter 13　小熊（玩具设计）　　　◉ 难易程度 ◆◆◆◇◇

实例种类	工业设计精选——玩具设计。
作品意图	让儿童在潜移默化中"寓教于乐、健康成长"，以此概念来进行玩具熊的设计。
技术要领	主要应用"杂色"、"锐化"、"扩散"、"光照效果"、"亮度/对比度"和"画笔工具"等功能来进行设计制作。

玩具设计是结合卡通艺术、造型艺术的一门课程。一件玩具的好与坏，取决于它的设计。在设计时，要充分利用现有的资料，进行市场调查，了解市场流行趋势，只有这样才能走在设计流行的前沿，抓住消费者心理。通过本实例的练习可以制作出类似的实例。

CONTENTS | 目录 ▶ ▶ ▶

第1篇 海报设计

Chapter 01 不要等到最后一刻（公益海报）

<< 实例制作P2-28

<< 技艺拓展 P28-30

Chapter 02 爱在夏日（电影海报）

<< 实例制作P31-54

<< 技艺拓展 P55-56

Chapter 03 身临其境（产品海报）

<< 实例制作P57-71

<< 技艺拓展
P71-73

第2篇　DM宣传品设计

Chapter 04 万圣节舞会（折页设计）

<< 实例制作P76-95

<< 技艺拓展
P95-97

CONTENTS | 目录

<< 实例制作P98-120

<< 技艺拓展
P120-122

<< 实例制作P123-152

<< 技艺拓展
P152-155

第3篇　包装设计

<< 实例制作P158-187

<< 技艺拓展
P187-191

<< 实例制作P192-218

<< 技艺拓展
P218-223

CONTENTS | 目录 ▶▶▶

第5篇 网络类设计

Chapter 11 红酒网页设计（网页设计）

<< 实例制作P266-291

<< 技艺拓展
P291-293

Chapter 12 YY聊天器（UI设计）

<< 实例制作P294-317

<< 技艺拓展
P317-319

第6篇 工业设计

<< 实例制作P322-338

<< 技艺拓展
P338-340

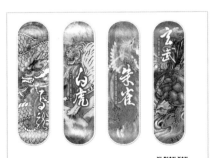

YI DIAN YAN

<< 实例制作P341-359

<< 技艺拓展
P359-360

第**1**篇
海报设计

海报设计艺术

海报设计的表现形式更加接近于纯粹的艺术表现，是张扬个性的一种设计艺术形式，当然也有部分内容是为商业目的而服务的。海报设计讲求创意与冲击力，其整体设计具有很强的视觉冲击力。

实例
Example

公益海报："不要等到最后一刻"实例

本实例介绍了地球的制作方法、浩瀚星空的制作方法和星云的制作方法。

电影海报："爱在夏日"实例

本实例介绍了如何制作立体字、光束、变形与合成元素的制作方法。

产品海报："身临其境"实例

本实例介绍了如何使用液化滤镜将元素制作出符合创意要求的样式，同时介绍了如何使不同的图像进行完美结合。

Poster
Design

海报类案例设计

不要等到最后一刻

技艺拓展：曲线应用

爱在夏日

技艺拓展：色相/饱和度的应用

身临其境

技艺拓展：液化滤镜的应用

文件位置

原始：Chap 01/平面地图.jpg
　　　Chap 01/手掌.jpg
效果：Chap 01/星空.psd
　　　Chap 01/不要等到最后一刻.psd
　　　……

Chapter 01

不要等到最后一刻 (公益海报)

制作要点：

▲ 本实例是警示性的"公益海报"，以"保护地球"为主题展开
设计制作。在制作过程中，全面介绍了使用 Photoshop 制作璀
璨的星空、火焰似的星云、立体效果的"地球"的详细过程，
以及如何将各个元素融合到整个画面中的操作技巧。

实例步骤示意图

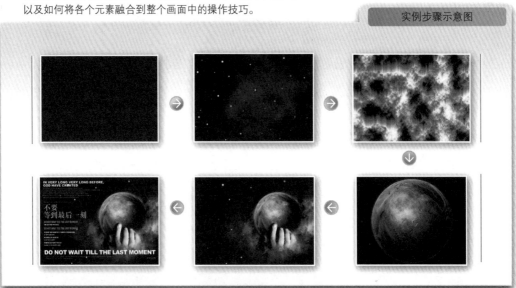

1.1 公益海报知识解析 ❯ ❯ ❯

公益海报是一种非营利性广告，它是指一切不以直接追求经济效益为目的的平面广告。也就是说，做广告的目的是着眼于陈述意见或免费服务而不是为了营利。社会公益海报的内容包括社会公德、社会福利、劳动保护、交通安全、防火、防盗、戒烟、禁毒、预防疾病、计划生育、保护妇女儿童权益等多方面对人类社会有意义以及大众所关心的社会问题。

1.1.1 客户对象

非商业性海报不以营利为目的，关注的是社会热点问题，揭露社会的不和谐点，并倡导一种健康的观念，期望得到大众的认可、共鸣和响应，并付诸实践，以集体的力量使我们居住的星球一天比一天美好。诸如戒烟、环保、节能等都是此种海报的主题。它可以由国家发起，也可以由企业资助。如果是企业资助，除了上述目的外，还会向大众透露企业的人文精神，使受众对企业产生好感，进而达到提升企业品牌价值的目的。示例如图1-1、图1-2。非商业性海报通常有以下几种类型。

图1-1   图1-2

（1）政治宣传海报：包括国家的方针政策、行动纲领、法律法规等。

（2）社会公德海报：包括保护环境、福利事业、交通安全、疾病防治、禁烟、禁毒等。

（3）活动庆典海报：包括各种节日，如儿童节、母亲节、教师节、国庆节，以及奥运会等的活动海报。

（4）艺术海报：包括绘画、设计、摄影等各种展览的海报。艺术海报具有极强的个人风格，不受任何条件限制。

非商业性公益海报具有引导人们行为的力量。广告以其大众化的传播方式，可以方便地承担创造社会价值的任务。非商业性海报内容广泛、形式多样，艺术表现力丰富。特别是文化艺术类的招贴广告，根据广告的主题，可充分发挥想象力，尽情地施展艺术手段。

1.1.2 设计宗旨

相对于商业广告，公益广告不是以收费性的商业宣传来创造经济效益，而是以广告的形式倡导道德观念，传播人与人之间的互助、友爱、奉献等理念，从而获取良好的社会效益。从某种意义上讲，一个城市、一个地区、一个国家公益广告的水平，是衡量这一城市、地区、国家民众道德水准和社会风气的重要标志。

公益广告在国外起源较早，在欧美发达国家公益广告现已相当普及。而在我国，公益广告事业只有十几年的历史，最早的一例是1986年贵阳电视台播出的"请君注意，节约用水"公益广告。相关图例如图1-3、图1-4所示。

图1-3   图1-4

1.1.3 色彩运用

蓝色是永恒的象征，它是最冷的色彩。蓝色系是使人感到凉爽和舒畅的色相，它容易使人联想到晶莹剔透的水珠、新鲜的空气和炎热的夏日在游泳池中凉爽的感觉。这种色彩具有清洁和干净的感觉，深海蓝色是蓝色中最有力量及深奥的色彩。

红色是热情的，是象征火、热和温暖的色相，有吸引受众视线的力量并具有无限的活力。然而红色越暗越会体现紧张和不确定的感觉，在某些情况下它又象征危险的信号灯。

本例采用的颜色及色值如图1-5所示。

主色调　　　　　　辅色调　　　　　　　点睛色　　　　　　背景色
C:70 M:65 Y:40 K:80　C:20 M:30 Y:90 K:0　C:20 M:70 Y:90 K:0　C:100 M:100
　　　　　　　　　C:70 M:20 Y:100 K:0　C:100 M:100 Y:10 K:0　Y:100 K:100
　　　　　　　　　　　　　　　　　　C:0 M:30 Y:30 K:0

图1-5

Tips – 提示·技巧

1. 蓝色+黑色：海蓝、青蓝都可搭配黑色，十分抢眼突出。
2. 蓝色+灰色：中性的灰色同样适合与蓝色搭配，其搭配感觉柔和自然。
3. 蓝色+黄色：鲜艳色系的高亮度对比搭配，会更加突出蓝色的明亮和清新；同样，大地色系与之搭配亦显大方高雅。

1.2　产品海报技术解析 ▷ ▷ ▷

制作要点：本实例主要使用杂色命令、云彩命令、分层云彩命令、光照效果命令、亮度/对比度命令、画笔工具、渐变工具、蒙版工具等功能来进行制作。

制作尺寸：标准尺寸有13cm×18cm、19cm×25cm、30cm×42cm、 42cm×57cm、50cm×70cm、60cm×90cm、70cm×100cm，本实例采用的尺寸为横版的42cm×30cm。

1.2.1　选择素材

"人类，救救我吧！今年我已经46亿岁了。我在反思，或许我真的老了，或许我真的病了。我知道人类总在抱怨：抱怨我周身温度升高，抱怨我身上的营养不足难以养活所有的人口，抱怨各地旱的旱、涝的涝，抱怨空气越来越污浊，环境不如以前那样好……我很苦恼。看看被石油弄脏的海水，那是我的血液；看看干旱焦灼的土地，那是我的皮肤；可怜失去了家园的动物，它们本与你们同源；可怜因战争和污染终身残疾的孩子，他们是你们的子孙。救救我吧，只有你们可以拯救我！如果你们还想把我当作安身的家园，救了我，就等于拯救了你们自己！"看完这段话后，也许我们从未想到我们的星球是如此多愁善感，但一个又一个的例子证明着这一切的发生，也许有人认为可以肆无忌惮地浪费我们赖以生存着的地球资源，但不可忽视他正被我们一步一步地逼向毁灭。再不珍惜，一切都有可能结束，包括人类。

根据这些叙述，在选择素材方面要考虑到海报上的每个元素与要表达的主题有什么关系。在这里选择了平面地图、手等素材，如图1-6、图1-7所示，通过Photoshop中的操作技巧，巧妙结合设计出了符合主题的海报。

图1-6

图1-7

1.2.2 操作步骤

步骤1 制作路径

1 按【Ctrl+N】快捷键执行【新建】命令，在弹出的对话框中进行参数设置，得到一个新文件命名为"星空"，如图1-8所示。

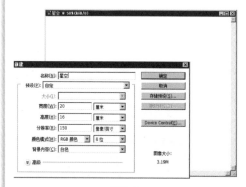

图1-8

2 将前景色设置为黑色，背景色设置为深蓝色（R:3 G:2 B:57），选择工具箱中的【渐变工具】■，将渐变模式设置为【径向渐变】，其他参数设置如图1-9所示。

图1-9

3 在画面中从中心向边缘进行拖曳，得到渐变的效果，如图1-10所示。

4 单击【图层】面板底部的【创建新图层】按钮■，新建"图层1"，按【Alt+Delete】快捷键填充图层，效果如图1-11所示。

图1-10

图1-11

5 执行菜单【滤镜】→【杂色】→【添加杂色】命令，在弹出的对话框中进行参数设置。单击【确定】按钮，如图1-12所示。

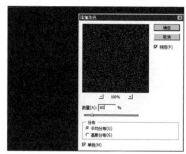

图1-12

6 执行菜单【图像】→【调整】→【阈值】命令，在弹出的对话框中进行参数设置。单击【确定】按钮，此时画面中亮点将所剩无几，效果如图1-13所示。

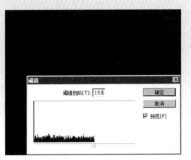

图1-13

图1-17

7 按住【Ctrl】键，在【通道】面板中单击"RGB"通道，获取此通道的选区，如图1-14所示。切换到【图层】面板中，新建"图层2"，如图1-15所示。

图1-14　　　　图1-15

8 按【Ctrl+Delete】快捷键填充背景色白色，按【Ctrl+D】快捷键取消选区。单击"图层1"前面的【指示图层可见性】按钮，隐藏此图层，如图1-16所示。

图1-16

9 单击【图层】面板底部的【添加图层蒙版】按钮，为"图层2"添加蒙版，如图1-17所示。

10 按【D】键，将前景色与背景色恢复默认的白色与黑色，选择工具箱中的【渐变工具】，选项栏如图1-18所示。

图1-18

11 在画面中从中心向右边界进行拖曳，得到一个渐变的效果，此时黑色画面边缘的星星被遮住了一部分，如图1-19所示。

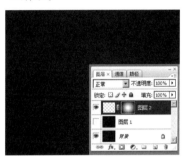

图1-19

12 按【Ctrl+J】快捷键复制"图层2"，得到"图层2副本"。按【Ctrl+T】快捷键调出自由变换框，在画面上单击鼠标右键，在弹出的菜单中选择【旋转180度】命令，如图1-20所示。

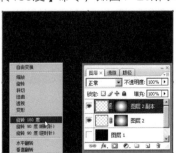

图1-20

13 按【Enter】键确认编辑，此时的星星就会增多一层，如图1-21所示。

图1-21

14 按【Ctrl+J】快捷键复制"图层2副本"，得到"图层2副本2"，如图1-22所示。按【Ctrl+T】快捷键调出自由变换框，在画面上单击鼠标右键，在弹出的菜单中选择【水平翻转】命令，如图1-23所示。

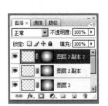 

图1-22   图1-23

15 按【Enter】键确认编辑，此时的星星就会增多一层，如图1-24所示。

图1-24

16 执行菜单【滤镜】→【模糊】→【高斯模糊】命令，在弹出的对话框中进行参数设置。单击【确定】按钮，

这样星星之间就会有近实远虚的透视效果了，如图1-25所示。

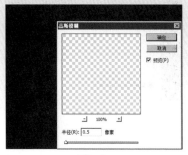

图1-25

17 在【图层】面板中将"图层2副本2"的【不透明度】设置为"30%"，如图1-26所示。

图1-26

18 在【图层】面板中将"图层2副本"的【不透明度】设置为"50%"，如图1-27所示。

图1-27

19 新建"图层3"，执行菜单【滤镜】→【渲染】→【云彩】命令，得到的效果如图1-28所示。

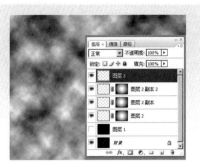

图1-28

【云彩】滤镜效果是随机性的，如果想得到合适的效果，必须多次重复操作该滤镜，以达到满意的效果。

20 在【图层】面板中将"图层3"的图层混合模式设置为【柔光】，【不透明度】设置为"70%"，如图1-29所示。

图1-29

21 添加了此图层后，星空更加生动了，此时星空制作完成，如图1-30所示。

图1-30

步骤2 制作近处星星效果

1 按【Ctrl+N】快捷键执行【新建】命令，在弹出的对话框中进行参数设置，得到一个新文件命名为"不要等到最后一刻"，如图1-31所示。

图1-31

2 切换到"星空"文档，在【图层】面板的右上角单击向下三角按钮，在弹出的菜单中选择【拼合图像】命令，如图1-32所示。此时，【图层】面板中所有的图层将合并为"背景"图层，如图1-33所示。

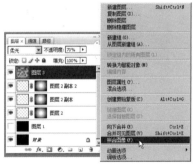

图1-32

图1-33

3 选择工具箱中的【移动工具】，将"星空"文档直接拖曳到新建的文档"不要等到最后一刻"中，此时【图层】面板中自动生成"图层1"，如图1-34所示。

图1-34

4 按【Ctrl+T】快捷键调出自由变换框，按住【Shift】键拉伸图层，将星空撑满画面，如图1-35所示。

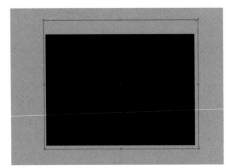

图1-35

5 在【图层】面板中将"图层1"的名称重命名为"星空1"，如图1-36所示。新建"图层1"并将其名称重命名为"星空2"，如图1-37所示。

图1-36

图1-37

6 选择工具箱中的【画笔工具】，单击选项栏中的【切换画笔调板】按钮，在弹出的对话框中选择笔尖样式，如图1-38所示。然后在对话框中设置间距，如图1-39所示。

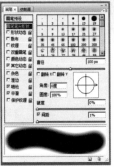

图1-38   图1-39

7 在对话框的左栏中选择【形状动态】选项，并在右栏中进行参数设置，如图1-40所示。在对话框的左栏中选择【散布】选项，并进行参数设置，如图1-41所示。

图1-40   图1-41

8 设置好画笔属性后，设置前景色为白色，在画面上绘制出多个圆点星星，如图1-42所示。

9 选择工具箱中的【渐变工具】，在选项栏中设置渐变属性，如图1-43所示。

图1-42

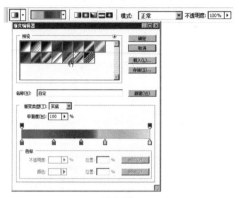

图1-43

10 新建"图层3"，在画面中自左上角向右下角进行拖曳，得到渐变效果，如图1-44所示。

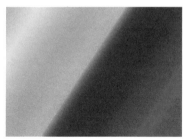

图1-44

11 在【图层】面板中将"图层3"的混合模式设置为【叠加】，如图1-45所示。

图1-45

12 此时近处的星星就会发出不同的光芒了，效果如图1-46所示。

图1-46

步骤3 制作星云效果

1 按【Ctrl+N】快捷键执行【新建】命令，在弹出的对话框中进行参数设置，得到一个新文件命名为"星云"，如图1-47所示。

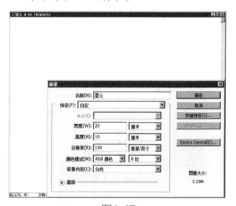

图1-47

2 执行菜单【滤镜】→【渲染】→【云彩】命令，效果如图1-48所示。

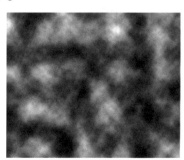

图1-48

3 执行菜单【图像】→【旋转画布】→【90度（顺时针）】命令，效果如图1-49所示。

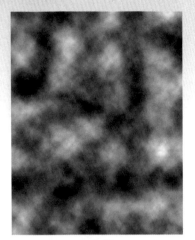

图1-49

4 执行菜单【滤镜】→【风格化】→【风】命令，在弹出的对话框中设置数值，如图1-50所示。

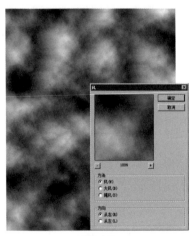

图1-50

5 按【Ctrl+F】快捷键，再次执行【风】滤镜命令，效果如图1-51所示。

6 执行菜单【图像】→【旋转画布】→【90度（逆时针）】命令，效果如图1-52所示。

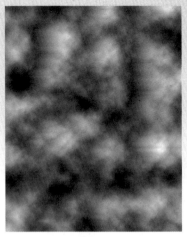

图1-51

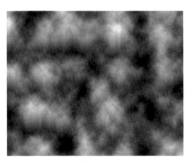

图1-52

7 执行菜单【图像】→【调整】→【反相】命令，图像效果如图1-53所示。

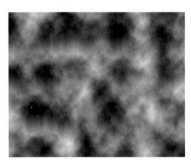

图1-53

8 执行菜单【滤镜】→【锐化】→【USM锐化】命令，在弹出的对话框中设置数值，如图1-54所示。

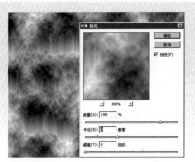

图1-54

9 将"背景"图层拖曳到【图层】面板底部的【创建新图层】按钮□上，得到"背景副本"图层，如图1-55所示。

图1-55

10 执行菜单【图像】→【调整】→【色相/饱和度】命令，在弹出的对话框中进行参数设置，如图1-56所示。

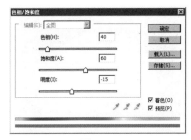

图1-56

11 单击【确定】按钮，得到的图像效果如图1-57所示。

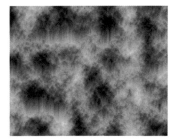

图1-57

12 隐藏"背景副本"图层，选择"背景"图层，如图1-58所示。执行菜单【图像】→【调整】→【色相/饱和度】命令，然后在对话框中进行参数设置，如图1-59所示。

图1-58

图1-59

13 单击【确定】按钮，得到的图像效果如图1-60所示。

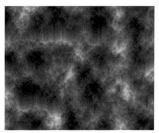

图1-60

14 在【图层】面板中将"背景副本"图层的混合模式设置为【线性光】，如图1-61所示。

图1-61

15 按【Ctrl+E】快捷键合并图层，此时【图层】面板中只留下了"背景"图层，如图1-62、图1-63所示。

图1-62　　　　　图1-63

步骤4　制作地球

1 按【Ctrl+N】快捷键执行【新建】命令，在弹出的对话框中进行参数设置，得到一个新文件命名为"地球"，如图1-64所示。

图1-64

2 按【Alt+Delete】快捷键填充前景色黑色，按【Ctrl+R】快捷键显示标尺，并拖曳出两条以中心为基准的辅助线，如图1-65所示。

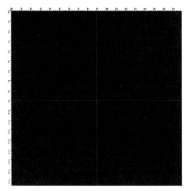

图1-65

3 新建"图层1"，选择工具箱中的【椭圆选框工具】○，以中心为基准，按住【Shift】键拖曳出一个正圆形，如图1-66所示。

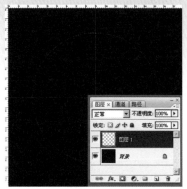

图1-66

4 将前景色设置为湖蓝色（R:55 G:119 B:169），将背景色设置为淡蓝色（R:168 G:192 B:236），执行菜单【滤镜】→【渲染】→【云彩】命令，效果如图1-67所示。

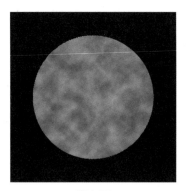

图1-67

5 执行菜单【滤镜】→【渲染】→【分层云彩】命令，效果如图1-68所示。

6 按【Ctrl+F】快捷键再次执行【分层云彩】命令，效果如图1-69所示。

图1-68

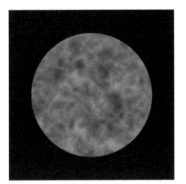

图1-69

⑦ 执行菜单【滤镜】→【扭曲】→
【球面化】命令，在弹出的对话框
中进行参数设置。设置完成后单击【确
定】按钮，效果如图1-70所示。

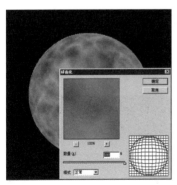

图1-70

⑧ 按【Ctrl+F】快捷键再次执行【球
面化】命令，并按【Ctrl+D】快捷
键取消选区，效果如图1-71所示。

图1-71

⑨ 打开光盘中的图片文件"Chap 01/
平面地图.jpg"，如图1-72所示。

图1-72

⑩ 选择工具箱中的【魔棒工具】✎，
单击选择画面中的黑色部分，如图
1-73所示。

图1-73

⑪ 选择工具箱中的【移动工具】▶⊕，
将地图画面中选中的黑色选区直接
拖曳到"地球"文档中，如图1-74所示。

图1-74

12 此时【图层】面板中自动生成一个图层，将该图层的名称重命名为"地图"，并将"图层1"重命名成为"球体"，如图1-75所示。

图1-75

13 按住【Ctrl】键，在【图层】面板中单击"球体"图层的缩略图，将其载入选区，如图1-76所示。

图1-76

14 按【Ctrl+Shift+I】快捷键执行【反向】命令，并按【Delete】键删除球体以外的地图图形，如图1-77所示。

图1-77

15 按住【Ctrl】键，在【图层】面板中单击"地图"图层的缩略图，将其载入选区，如图1-78所示。

图1-78

16 将前景色设置为绿色（R:75 G:134 B:42），将背景色设置为米黄色（R:217 G:208 B:179），执行菜单【滤镜】→【渲染】→【分层云彩】命令，效果如图1-79所示。

图1-79

⑰ 执行菜单【选择】→【修改】→【收缩】命令，在弹出的【收缩选区】对话框中进行参数设置，如图1-80所示。

图1-80

⑱ 按【Ctrl+Shift+I】快捷键执行【反向】命令，并按【Delete】键删除球体以外的地图图形，按【Ctrl+D】快捷键取消选区，如图1-81所示。

图1-81

⑲ 按住【Ctrl】键，在【图层】面板中单击"球体"图层的缩略图，如图1-82所示。

⑳ 执行菜单【滤镜】→【扭曲】→【球面化】命令，在弹出的对话框中进行参数设置。单击【确定】按钮，效果及对话框如图1-83所示。

图1-82

图1-83

㉑ 按【Ctrl+Alt+F】快捷键再次执行【球面化】命令，在弹出的对话框中进行参数设置，单击【确定】按钮，效果及对话框如图1-84所示。

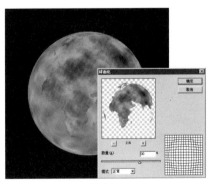

图1-84

㉒ 按【Ctrl+E】快捷键向下合并图层，此时"地图"和"球体"图层将合并为"球体"图层，如图1-85所示。新建"图层1"，如图1-86所示。

图1-85　　　　　　图1-86

23 按【Ctrl】键单击"球体"图层的缩略图，将其载入选区。回到"图层1"，如图1-87所示。

图1-87

24 选择工具箱中的【渐变工具】■，并在选项栏中设置渐变参数，如图1-88所示。

图1-88

25 在选区内从左上角向右下角进行拖曳，得到一个渐变效果，如图1-89所示。

图1-89

26 按【Ctrl+D】快捷键取消选区，此时画面中圆形将呈现出球体效果，如图1-90所示。

图1-90

27 在【图层】面板中将"图层1"的图层混合模式设置为【正片叠底】，效果如图1-91所示。

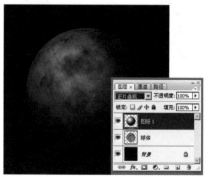

图1-91

28 在【图层】面板中双击"球体"图层，在弹出的对话框中进行参数设置，如图1-92所示。

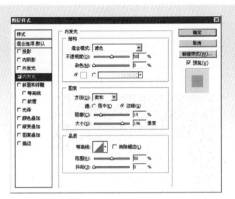

图1-92

29 继续在对话框中进行设置，在左侧样式列表中选择【外发光】选项，并在右侧对话框中进行参数设置，如图1-93所示。

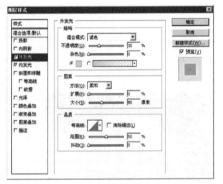

图1-93

30 单击对话框中的【确定】按钮，地球添加了内发光和外发光的效果后更加突出立体感，效果如图1-94所示。

图1-94

31 之前拖曳进来的地图文件会在图像外面有些残留的图像，为了方便后面的操作，选择工具箱中的【裁切工具】 ⊐，在画面中进行框选，按【Enter】键，这样可以将画面外的图像彻底删除掉，如图1-95所示。

图1-95

32 按住【Ctrl】键，在【图层】面板中单击"图层1"的缩略图，并新建"图层2"，如图1-96所示。

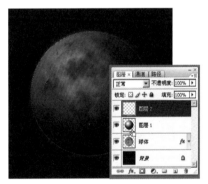

图1-96

33 按【D】键，将前景色与背景色恢复默认的黑色与白色状态，按【Ctrl+Delete】快捷键填充背景色，效果如图1-97所示。

34 按【→】键和【↓】键将选择区域向右下稍稍移动，如图1-98所示。

图1-97

图1-98

35 按【Ctrl＋Alt＋D】快捷键执行【羽化选区】命令，在弹出的对话框中进行参数设置，如图1-99所示。

图1-99

36 单击【确定】按钮，按【Delete】键删除选区内的图像，并按【Ctrl+D】快捷键取消选区，如图1-100所示。

图1-100

37 在【图层】面板中将"图层2"的混合模式设置为【柔光】，如图1-101所示。

图1-101

38 执行菜单【滤镜】→【锐化】→【USM锐化】命令，在弹出的对话框中进行参数设置。单击【确定】按钮，如图1-102所示。

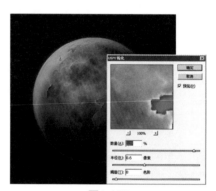

图1-102

39 按【Ctrl＋C】快捷键，执行【拷贝】命令，按住【Ctrl】键，在【图层】面板中单击"球体"图层的缩略图获取图层选区，如图1-103所示，切换到【通道】面板中，新建通道"Alpha1"，如图1-104所示。

40 此时画面显示为通道状态下的模式，如图1-105所示。

图1-103　　　　　图1-104

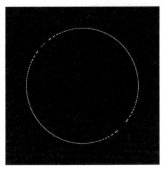

图1-105

41 按【Ctrl＋V】快捷键，执行【粘贴】命令，效果如图1-106所示。

图1-106

42 切换到【图层】面板，选择"球体"图层，如图1-107所示。

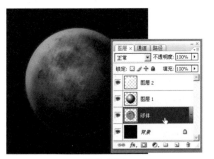

图1-107

43 执行菜单【滤镜】→【渲染】→【光照效果】命令，在弹出的对话框中进行参数设置，如图1-108所示。

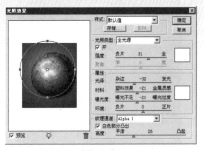

图1-108

44 单击【确定】按钮，按【Ctrl+F】快捷键再次执行【光照效果】命令，效果如图1-109所示。

图1-109

45 执行菜单【图像】→【调整】→【色相/饱和度】命令，在弹出的对话框中进行参数设置，如图1-110所示。

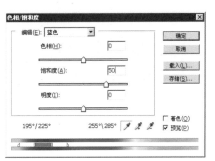

图1-110

46 设置完成后单击【确定】按钮，得到的效果如图1-111所示。

图1-111

47 在【图层】面板中将"图层1"的【不透明度】设置为"90%"，如图1-112所示。

图1-112

48 这样地球的明暗面会更加自然，效果如图1-113所示。

图1-113

49 新建"图层3"，按住【Ctrl】键单击"图层1"缩略图，获取"图层1"的选区，如图1-114所示。

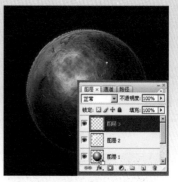

图1-114

50 执行菜单【滤镜】→【渲染】→【云彩】命令，效果如图1-115所示。

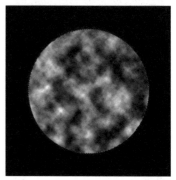

图1-115

51 执行菜单【滤镜】→【渲染】→【分层云彩】命令，效果如图1-116所示。

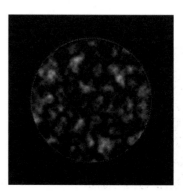

图1-116

52 按【Ctrl+F】快捷键再次执行【分层云彩】命令，效果如图1-117所示。

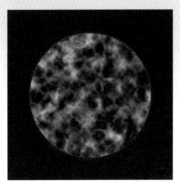

图1-117

53 按住【Ctrl】键，在【通道】面板中单击"RGB"通道的缩略图，如图1-118所示。

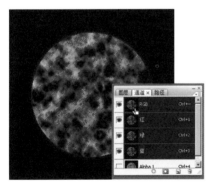

图1-118

54 切换到【图层】面板中，单击"图层3"，反选选区，并按【Delete】键删除选区内的图像，如图1-119所示。

图1-119

55 按住【Ctrl】键，在【图层】面板中单击"图层1"的缩略图获取图层选区，如图1-120所示。

图1-120

56 执行菜单【滤镜】→【风格化】→【风】命令，在弹出的对话框中进行参数设置。设置完成后单击【确定】按钮，如图1-121所示。

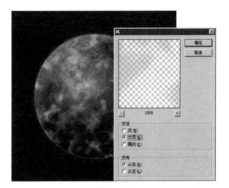

图1-121

57 执行菜单【滤镜】→【扭曲】→【挤压】命令，在弹出的对话框中进行参数设置。设置完成后单击【确定】按钮，如图1-122所示。

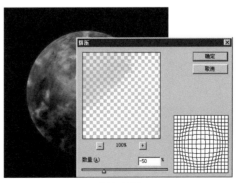

图1-122

58 单击【图层】面板底部的【添加图层蒙版】按钮◙，为"图层3"添加蒙版，如图1-123所示。

图1-123

59 选择工具箱中的【画笔工具】✎，在选项栏中设置画笔属性，如图1-124所示。根据需要在画面中多余的位置进行涂抹，如图1-125所示。

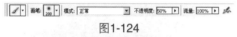

图1-124

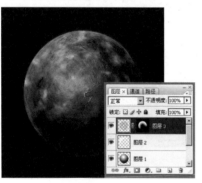

图1-125

60 执行菜单【滤镜】→【液化】命令，在弹出的对话框中进行参数设置，如图1-126所示。

图1-126

61 单击【确定】按钮，得到的图像效果如图1-127所示。

图1-127

62 在【图层】面板中将"图层3"的【不透明度】设置为"70%"，如图1-128所示。

图1-128

63 至此，地球效果就制作完成了，如图1-129所示。

图1-129

步骤5 合成星云与地球

1 打开"星云"文件，按【Ctrl+E】快捷键合并图层，如图1-130所示。

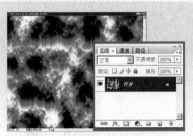

图1-130

图1-133　　　　　　图1-134

② 选择工具箱中的【移动工具】▶⊕，将"星云"拖曳到"星空"文件中，此时【图层】面板中自动生成一个图层，将该图层的名称重命名为"星云"，如图1-131所示。

图1-131

③ 按【Ctrl+T】快捷键调出自由变换框，按住【Shift】键拉伸图层，将星空撑满画面，如图1-132所示。

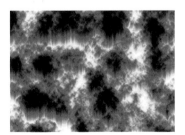

图1-132

④ 切换到"地球"文档中，按住【Ctrl】键在【图层】面板中选择地球相关的图层，如图1-133所示。按【Ctrl+E】快捷键合并图层，合并后的【图层】面板如图1-134所示。

⑤ 选择工具箱中的【移动工具】▶⊕，将"地球"图形直接拖曳到"星空"文档中，此时【图层】面板中自动生成一个图层，将图层名称重命名为"地球"，如图1-135所示。

图1-135

⑥ 选择"星云"图层，单击【图层】面板底部的【添加图层蒙版】按钮▣，添加蒙版，如图1-136所示。

图1-136

⑦ 选择工具箱中的【画笔工具】✐，根据需要在画面中进行涂抹，如图1-137所示。选择"地球"图层，单击【图层】面板底部的【添加图层蒙版】按钮▣，添加蒙版，如图1-138所示。

图1-137   图1-138

8 选择工具箱中的【画笔工具】 ✐，根据需要在画面中多余的地方进行涂抹，效果如图1-139所示。

图1-139

步骤6 添加手图形并完稿

1 打开光盘中的图片文件"Chap 01/手掌.jpg"，如图1-140所示。

图1-140

2 选择工具箱中的【套索工具】 ◯，选取手掌部分，如图1-141所示。

3 按【Ctrl+Alt+D】快捷键执行【羽化】命令，在弹出的对话框中进行参数设置。设置完成后单击【确定】按钮，【图层】面板及效果如图1-142所示。

图1-141

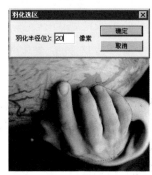

图1-142

4 选择工具箱中的【移动工具】 ▸⊕，将选区手掌部分直接拖曳到新建的文档中，此时【图层】面板中自动生成一个图层，将其重命名为"手掌"，如图1-143所示。

图1-143

5 按【Ctrl+T】快捷键调出自由变换框，调整手掌到合适的位置，如图1-144所示。

6 为"手掌"图层添加图层蒙版，并使用【画笔工具】 ✐在手掌图形多余的位置进行涂抹，效果如图1-145所示。

图1-144

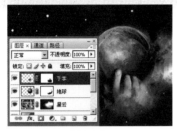

图1-145

7 复制"手掌"图层，得到"手掌副本"图层，将其图层混合模式设置为【强光】，如图1-146所示。

图1-146

8 选择工具箱中的【加深工具】 ，在工具选项栏中设置其属性，如图1-147所示。选择"地球"图层，对地球的暗部进行涂抹，如图1-148所示。

图1-147

图1-148

9 选择工具箱中的【加深工具】 ，在工具选项栏中设置其属性，如图1-149所示。选择"星空1"图层，并在暗部进行涂抹，如图1-150所示。

图1-149

图1-150

10 选择工具箱中的【画笔工具】 ，在工具选项栏中设置其属性，如图1-151所示。选择"星云"图层的蒙版缩略图，根据需要在画面上多余的位置进行涂抹，如图1-152所示。

图1-151

图1-152

11 为"星空2"图层添加图层蒙版，使用【画笔工具】 在画面中进行适当的涂抹，如图1-153所示。

12 最后将相关的文字添加到画面中，设置合适的字体及字号，并将图像模式转换为CMYK模式，至此本实例就完成了。最终效果如图1-154所示。

图1-153

图1-154

1.3　技艺拓展——学习曲线命令 ❯ ❯ ❯

　　【曲线】命令，可以调节图像的整个色调范围，是一个应用非常广泛的色调调节命令，它可以调节灰度曲线中的任何点。曲线命令对细节的调整是最为精确的，在实际运用中比较常用。

1.3.1　曲线对话框

　　执行菜单【图像】→【调整】→【曲线】命令或按【Ctrl+M】快捷键，弹出【曲线】对话框，如图1-155所示。

　　【通道】：在此下拉列表中可选择需要调节色调的通道。如果某一通道色调明显偏重时，就可以选择此通道进行调整，而不会影响其他颜色通道的色调分布，该方法在实际图像处理过程中经常会用到。

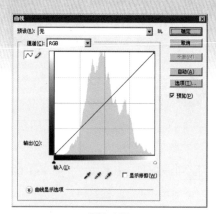

图1-155

　　曲线区：横坐标表示原图像中像素的亮度分布，即输入色阶；纵坐标表示调整后图像中像素亮度的分布，即输出色阶，其变化范围均在0～255之间。对角线用来显示当前【输入】和【输出】数值之间的关系，调整前的曲线是一条45°的直线，意味着所有像素的输入与输出亮度相同。用曲线调整图像色阶的过程，也就是通过调整曲线的形状来改变像素的输入输出亮度，从而改变整个图像色阶的过程。

1 打开【曲线】对话框时，此时会看到默认的设置，输入数值与输出数值相同，所以图像没有变化，如图1-156所示。

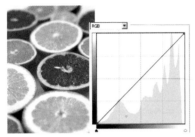

图1-156

2 在对角线中间单击并向上拖动，就得到第一条曲线，提升曲线将增加画面的亮度，如图1-157所示。

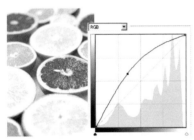

图1-157

3 与单击中间一样，还可以调整对角线的末端，单击右上角的端点并向下拖曳，将限制图像最明亮的部分，降低对比度，如图1-158所示。

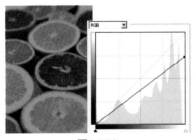

图1-158

4 拖动上、下端点向中间移动，将创建特殊的、多色调效果，如图1-159所示。

图1-159

5 还可以分别调整每个颜色通道，从【通道】下拉列表中选择颜色通道，通过在图像中添加红色可以校正绿色偏色，如图1-160所示。

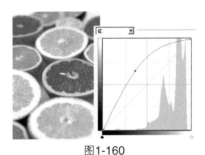

图1-160

6 为了更好地校正图像，还可以选择绿色通道，提升绿色成分，如图1-161所示。

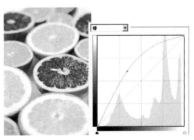

图1-161

7 选择蓝色通道，可以降低蓝色成分，如图1-162所示。

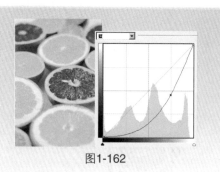

图1-162

⑧ 在RGB曲线的中间单击一次，可以使此点固定，只限于拖动曲线的

上半部分使之呈"S"形状，其结果是增加了整体的对比度，如图1-163所示。

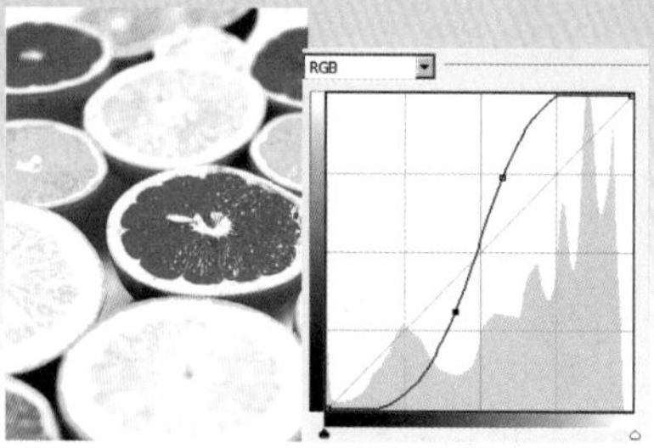

图1-163

📁 **文件位置**

原始：Chap 02/田园.jpg
　　　Chap 02/路牌.jpg
　　　......
效果：Chap 02/爱在夏日.psd

Chapter **02**
爱在夏日（电影海报）

制作要点：

▲ 本实例主要介绍了如何使用相关元素在画面中精心搭配出一幅带
有蒙太奇色彩的"电影海报"效果，其中针对使用Photoshop制
作立体字、光束、变形与合成元素等进行了全面讲解，运用娴熟
的软件技巧打造出 一幅爱情主题的电影海报。

实例步骤示意图

 ➡  ➡

⬇

 ⬅  ⬅

2.1 电影海报知识解析 > > >

电影海报是电影艺术发展的生动记录。一些年代久远的海报，可以让人回想起那些曾经非常熟悉的经典电影，既亲切又温馨，也可以感受到相应时代的文化气息和风土人情。电影海报与电影紧密相连，它的设计也有特殊的限制与要求。因此，如何设计一张好的电影海报也是我们需要去分析和研究的问题。

2.1.1 客户对象

电影海报是商业海报中的文化娱乐海报，文化娱乐海报包括科技、教育、艺术、体育、新闻出版等方面的海报，如音乐、舞蹈、戏剧的演出广告等。

电影海报及其他电影衍生产品，从功能上分可分为两种：第一种是促销广告，其产品上常标有"For Promotion"（促销用）的字样，主要用于电影公司的广告宣传、影院招贴、观众的赠品等，此类产品是不能用于销售的。第二种是可供销售的。大家看到的电影海报、明信片、钥匙圈、纪念卡、马克杯、T恤等都属于电影的衍生产品。电影和电影的衍生产品早已成为一种文化，影响了一代又一代人，走进千千万万人的生活。如图2-1、图2-2所示。

图2-1

图2-2

早期的电影海报纯粹是用于电影上映而做的广告宣传，大多数促销海报招贴是用手工绘制的，又称手绘电影海报，其真迹已较少见。好莱坞早期著名影片《飘》、《第凡内的早餐》、《卡萨布兰卡》等影片的海报都是手绘的，画面精美细致，具有很高的艺术价值和收藏价值。

当今的电影海报大多画面精美，即使是同一部电影的海报，各国的版本都会有不同的表现手法，相应也会突出不同的主题。一般普通的电影海报只有一两个版本，而一部畅销的大片可能有数十种版本，《Titanic》电影的海报应该是目前版本最多的海报了。

2.1.2 设计宗旨

电影海报被称为"浓缩的电影"、"电影的名片"等，一部影片拍摄完毕，电影公司往往要物色美术高手绘制电影海报，以期达到较好的宣传目的。

电影是流动艺术，而电影海报是凝固艺术，一幅海报往往浓缩了一部电影的精华，两者互相补充，带给观众完整的艺术体验。随着电影的普及，电影海报制作技术的进步，电影海报本身也因其画面精美，表现手法独特，文化内涵丰富，成为了一种艺术品，如图2-3、图2-4所示。

图2-3

图2-4

2.1.3 色彩运用

绿色使人联想到大自然，给人郁郁葱葱的感觉，在设计的各个领域中，绿色可以进行多样配色，并且绿色具有中性色彩的作用。

红色具有最强烈的彩度。可以用魅力、热情、自信、力量、有活力和快乐等字眼来形容它，在丰富色彩的同时可以起到提高受众情绪的作用。

粉红色是红色的一种变异，可以将其视为红色的一种应合或复归。在中国文化中，粉红色又叫桃花色。唐代诗人崔护写下"人面桃花相映红"的诗句，以桃与女人相比，究其根由，是女子为修饰自己而施用粉红色胭脂，脸色白中透红，可与美丽的桃花相比之故。

本例采用的颜色及色值如图2-5所示。

主色调	辅色调	点睛色	背景色
C:50 M:0 Y:100 K:25	C:20 M:30 Y:90 K:0	C:20 M:70 Y:90 K:0	C:100 M:100
	C:70 M:20 Y:100 K:0	C:100 M:100 Y:10 K:0	Y:100 K:100
		C:0 M:30 Y:30 K:0	

图2-5

Tips – 提示·技巧

1. 绿色+红色：这是一组补色，配合起来会产生强烈、耀眼的视觉效果。
2. 绿色+蓝色：明度较高、饱和度较低的颜色，如果没有明度较深、饱和度较高的颜色进行勾勒或者点缀，页面配色看起来容易发灰。
3. 绿色+对比色：这个组合可以成为最响亮的色调，把整个页面烘托得非常活跃、鲜明。页面色彩协调、柔和，但一样能突出主题。

2.2　电影海报技术解析　> > >

制作要点：本实例主要使用曲线、动感模糊、羽化选区、魔棒工具、渐变工具、钢笔工具、套索工具、色相/饱和度、油漆桶工具等功能来进行制作。

制作尺寸：标准尺寸有13cm×18cm、19cm×25cm、30cm×42cm、 42cm×57cm、50cm×70cm、60cm×90cm、70cm×100cm，本实例采用的尺寸为横版的42cm×30cm。

2.2.1　选择素材

"生命中有太多的偶然，学校门口车站的邂逅就是其中一个。

"学生时代的我有很多空闲时间，每天放学后都要在车站等待公交车的到来，不知从什么时候起我开始对车站流连忘返，只是为见到她⋯⋯

"她家离学校不远，住在百货大楼旁边的大院内，我经常在百货大楼的三楼望向院子，希望能看见她，还不止一次偷偷站在三楼的窗户后，侦察院内的动静，但十次有八次落空，很少有机会看到她。

"三年的时间很快就这样过去了，我的成绩当然不理想，迷迷糊糊地参加了高考，又迷迷糊糊地毕业了，感觉以后再也见不到她了。心中的想法让我坐立不安，终于忍不住骑上了自行车，来到百货大楼径直走上了三楼，站在那个不知道多少次站过的窗户后面向熟悉的大院内望去。一个又一个小时过去了，没有看到我渴望的身影，当我悲伤的走到楼下时，她出现在了我的眼前⋯⋯"

根据这些叙述，本例中选择了公交车站牌、蓝天白云、青年男女等素材，如图2-6至图2-9所示。通过Photoshop中的操作技巧，巧妙设计出了符合主题的海报。

图2-6

图2-7

图2-8

图2-9

2.2.2 操作步骤

步骤1 制作背景

1 按【Ctrl+N】快捷键执行【新建】命令，在弹出的对话框中进行参数设置，得到一个新文件命名为"爱在夏日"，如图2-10所示。

图2-10

2 打开光盘中的图片文件"Chap 02/田园.jpg"，如图2-11所示。

图2-11

3 选择工具箱中的【移动工具】，将"田园"画面直接拖曳到"爱在夏日"文档中，如图2-12所示。

图2-12

4 此时【图层】面板中自动生成一个图层，将该图层的名称重命名为"田园"，按【Ctrl+T】快捷键调出自由变换框，按住【Shift】键拉伸图层，将图像铺满画面，如图2-13所示。

图2-13

5 执行菜单【图像】→【调整】→【亮度/对比度】命令，在弹出的对话框中进行参数设置。设置完成后单击【确定】按钮，如图2-14所示。

图2-14

Tips – 提示·技巧

　　【亮度/对比度】命令可以增加图像的饱和度，增大【亮度】值会使图像增加灰度。

6 使用【移动工具】将"田园"图片向下移动，露出画面上部分背景的白色，如图2-15所示。

图2-15

⑦ 按【Ctrl+M】快捷键，打开【曲线】对话框，通过调节曲线值调整画面的色彩、对比度及亮度，对话框及效果如图2-16所示。

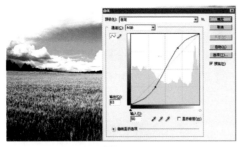

图2-16

⑧ 单击【图层】面板底部的【添加图层蒙版】按钮，为"田园"图层添加蒙版，如图2-17所示。

图2-17

⑨ 选择工具箱中的【渐变工具】，在工具选项栏中进行参数设置，在【渐变编辑器】中选择【前景到透明】的渐变，如图2-18所示。

图2-18

⑩ 在画面中自上向下进行拖曳，将"田园"图层与白色背景自然地融合，如图2-19所示。

图2-19

⑪ 按【Ctrl+J】快捷键，复制"田园"图层，得到"田园副本"图层，如图2-20所示。

图2-20

⑫ 执行菜单【滤镜】→【模糊】→【动感模糊】命令，在弹出的对话框中进行参数设置。设置完成后单击【确定】按钮，如图2-21所示。

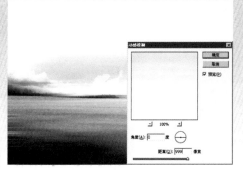

图2-21

13 单击【图层】面板中"田园副本"图层的蒙版缩略图，选择工具箱中的【渐变工具】，在画面中自下向上进行拖曳，将"田园副本"图层的下半部分遮盖住，画面下半部分变得清晰了，如图2-22所示。

图2-22

14 打开光盘中的图片文件"Chap 02/白云.jpg"，如图2-23所示。

图2-23

15 选择工具箱中的【套索工具】，在白云图片上选取白云选区，按【Ctrl+Alt+D】快捷键，在弹出的【羽化选区】对话框中进行参数设置。单击【确定】按钮，对选区进行羽化处理，如图2-24所示。

图2-24

16 用【移动工具】将选区内的白云拖曳到"爱在夏日"文档中，并将其图层重命名为"白云"，如图2-25所示。

图2-25

17 在【图层】面板中选择"背景"图层，如图2-26所示。单击【创建新图层】按钮，新建"图层1"，如图2-27所示。

图2-26

图2-27

18 将前景色设置为蓝色（R:36 G:121 B:156），将背景色设置为绿色（R:87 G:121 B:6），选择工具箱中的【渐变工具】，在工具选项栏中选择【前景到背景】的渐变，如图2-28所示。

图2-28

19 在画面中自下向上进行拖曳，为底图添加生动的颜色，如图2-29所示。

图2-29

20 选择"白云"图层，如图2-30所示。按【Ctrl+U】快捷键，执行【色相/饱和度】命令，在弹出的对话框中进行参数设置，如图2-31所示。

图2-30

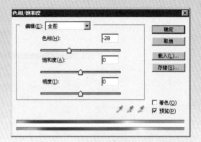

图2-31

21 设置完成后单击【图层】面板底部的【添加图层蒙版】按钮，为"白云"图层添加蒙版。选择【渐变工具】，在画面中进行拖曳，遮盖住多余的部分，如图2-32所示。

图2-32

22 按【Ctrl+J】快捷键复制"白云"图层，得到"白云副本"图层，如图2-33所示。

图2-33

23 按【Ctrl+M】快捷键，执行【曲线】命令，在弹出的对话框中进行

参数设置。设置完成后单击【确定】按
钮，如图2-34所示。

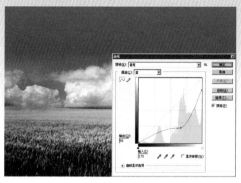

图2-34

24 在【图层】面板中选择"白云副
本"图层的蒙版缩览图，如图2-35
所示。

图2-35

25 选择工具箱中的【画笔工具】✎，
在工具选项栏中进行参数设置，如
图2-36所示。在多余的白云图形上面进
行涂抹，使两个白云图层自然融合，如
图2-37所示。

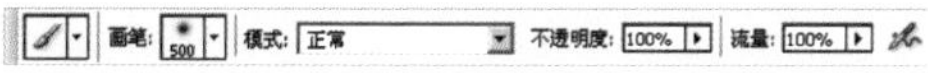

图2-36

图2-37

26 复制"白云副本"图层，得到"白
云副本2"图层，并将其向右上方
位置移动，如图2-38所示。

图2-38

27 选择工具箱中的【画笔工具】✎，
在多余的白云图形上面涂抹，使此
图层与下方的两个白云图层自然融合，
如图2-39所示。

图2-39

28 按【Ctrl+N】快捷键执行【新建】
命令，在弹出的对话框中进行参
数设置，得到一个新文件，将其命名为
"图案条"，如图2-40所示。

图2-40

29 选择工具箱中的【矩形选框工具】，在画面中选取一个矩形。按【D】键，将前景色与背景色恢复默认的黑色与白色，按【Ctrl+Delete】快捷键填充背景色，如图2-41所示。按【Ctrl+A】快捷键将文件全选，如图2-42所示。

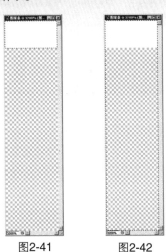

图2-41　　　　　图2-42

30 执行菜单【编辑】→【定义图案】命令，在弹出的对话框中进行参数设置。设置完成后单击【确定】按钮，如图2-43所示。

图2-43

31 切换到"爱在夏日"文档中，新建"图层2"，如图2-44所示。将图层名称改为"图案条"，如图2-45所示。

图2-44　　　　　图2-45

32 选择工具箱中的【油漆桶工具】，在工具选项栏中选择刚定义的"图案条"，并进行参数设置，如图2-46所示。

图2-46

33 在画面中单击填充图案，此时画面中将出现很多均匀的白色线条，如图2-47所示。

图2-47

34 按【Ctrl+T】快捷键调出自由变换框，将白色线条调整大小以及角度，如图2-48所示。

图2-48

35 按【Enter】键确认编辑，此时白色线条将变为倾斜的样式，如图2-49所示。

图2-49

36 在【图层】面板中将"图案条"图层的【不透明度】设置为"20%"，如图2-50所示。

图2-50

37 为"图案条"添加图层蒙版，并为蒙版添加渐变效果，将线条的下半部分遮盖住，如图2-51所示。

图2-51

步骤2 制作光束

1 选择工具箱中的【多边形套索工具】⚑，在画面中绘制出一个上宽下窄的矩形选区，如图2-52所示。

图2-52

2 新建图层并将其重命名为"光束"，按【Ctrl+Delete】快捷键将选区填充白色，按【Ctrl+D】快捷键取消选区，如图2-53所示。

图2-53

3 复制"光束"图层，得到"光束副本"图层，按【Ctrl+T】快捷键调出自由变换框，如图2-54所示。

图2-54

4 调整"光束副本"的角度，并向右稍微移动，如图2-55所示。调整好以后按【Enter】键确定编辑。

图2-55

5 按【Alt+Shift+Ctrl+T】快捷键再次执行复制光束的命令，并对其调整角度及位置，如图2-56所示。

图2-56

6 根据需要，重复多次，复制出多个光束，此时图层面板将自动产生光束的副本，如图2-57所示。

图2-57

7 在【图层】面板中将光束的所有相关图层选中，按【Ctrl+E】快捷键合并图层，得到"光束"图层，并将其向左上方移动，如图2-58所示。

图2-58

8 在【图层】面板中将"光束"图层的【不透明度】设置为"20%"，如图2-59所示。

图2-59

9 单击【图层】面板底部的【添加图层蒙版】按钮，为"光束"图层添加图层蒙版，用【渐变工具】在画面中进行拖曳并将多余的部分遮盖住，如图2-60所示。

图2-60

步骤3 添加路牌

1 打开光盘中的图片文件 "Chap 02/路牌.jpg"，如图2-61所示。

图2-61

2 选择工具箱中的【钢笔工具】 ，在路牌画面上勾选出路牌的轮廓，如图2-62所示。

图2-62

3 按【Ctrl+Enter】快捷键将路径转换为选区，如图2-63所示。

图2-63

4 选择工具箱中的【仿制图章工具】 ，将路牌上不需要的文字涂抹掉，如图2-64所示。

图2-64

5 选择工具箱中的【横排文字工具】 T，在【字符】面板中进行参数设置，并设【颜色】值为（R:254 G:83 B:92），如图2-65所示。

图2-65

6 在路牌画面中输入文字，如图2-66所示。

图2-66

7 在【图层】面板中的文字图层上单击鼠标右键，在弹出的菜单中选择【栅格化文字】命令，如图2-67所示。

图2-67

8 此时文字图层被转换为普通图层，可以随意进行调整了，如图2-68所示。

图2-68

9 按【Ctrl+T】快捷键调出自由变换框，将文字调整得符合路牌的透视效果，如图2-69所示。

图2-69

10 在【图层】面板中将"爱在夏日"图层的【不透明度】设置为"80%"，如图2-70所示。

图2-70

11 根据需要在画面中站牌相应的位置输入文字，【图层】面板及效果如图2-71所示。

图2-71

12 重新选择路牌的路径并转换为选区，按【Ctrl+Shift+C】快捷键复制所有图层选区内的图像，并按【Ctrl+V】快捷键粘贴，此时会出现一个带有车牌及文字的完整图像的图层，如图2-72所示。

图2-72

13 将路牌拖曳到"爱在夏日"文档中，将其重命名为"路牌"，并调整路牌大小及位置，如图2-73所示。

图2-73

14 按【Ctrl+M】快捷键执行【曲线】命令，在弹出的对话框中进行参数设置。设置完成后单击【确定】按钮，如图2-74所示。

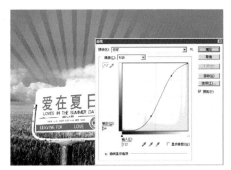

图2-74

步骤4　添加相关植物

1 打开光盘中的图片文件"Chap 02/树枝.jpg"，如图2-75所示。

图2-75

2 选择工具箱中的【钢笔工具】，在树枝画面中勾勒出树枝的轮廓，如图2-76所示。

图2-76

3 按【Ctrl+Enter】快捷键将路径转换为选区，如图2-77所示。

图2-77

4 选择工具箱中的【移动工具】，将树枝选区拖曳到"爱在夏日"文档中，并将图层重命名为"树枝"，如图2-78所示。

图2-78

5 按【Ctrl+M】快捷键，执行【曲线】命令，在弹出的对话框中进行参数设置。设置完成后单击【确定】按钮，如图2-79所示。

图2-79

6 在"爱在夏日"画面中框选白云，按住【Ctrl】键单击"站牌"缩略图，得到站牌外轮廓的选区，如图2-80所示。

图2-80

7 选择工具箱中的【套索工具】，在工具选项栏中进行参数设置，如图2-81所示。在画面中框选树枝的下面部分，这样就可以减去树枝下面部分的选区，如图2-82所示。

图2-81

图2-82

8 按【Delete】键删除选区内多余的树枝，按【Ctrl+D】快捷键取消选区，如图2-83所示。

图2-83

9 打开光盘中的图片文件"Chap 02/花.jpg"如图2-84所示。

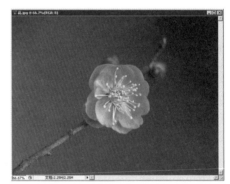

图2-84

10 选择工具箱中的【钢笔工具】，在"花"画面上勾勒出树枝的轮廓，如图2-85所示。

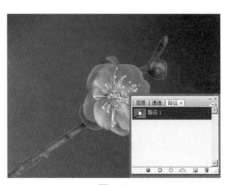

图2-85

⑪ 按【Ctrl+Enter】快捷键将路径转换为选区，如图2-86所示。

图2-86

⑫ 选择工具箱中的【移动工具】▶↓，将花拖曳到"爱在夏日"文档中，并将图层重命名为"花"，如图2-87所示。

图2-87

⑬ 复制两次"花"图层，得到两个图层副本，根据需要调整两个副本的大小及位置，如图2-88所示。

图2-88

步骤5 制作立体字

① 按【Ctrl+N】快捷键执行【新建】命令，在弹出的对话框中进行参数设置，得到一个新文件命名为"立体字"，如图2-89所示。

图2-89

② 选择工具箱中的【横排文字工具】T，输入需要的文字，在【字符】面板中进行参数设置。将颜色设置为粉红色（R:255 G:0 B:90），如图2-90所示。

图2-90

③ 在画面中输入文字后，【图层】面板中会自动生成一个文本图层，如图2-91所示。在文本图层上单击鼠标右键，在弹出的菜单中选择【栅格化文字】命令，将文字图层栅格化。按住【Ctrl】键单击文字图层的缩略图，获取文字的选区，如图2-92所示。

图2-91

图2-92

4 选择工具箱中的【渐变工具】 ▢ ，
并设置渐变属性，按顺序将渐变颜色分别设置为粉红色（R:255 G:0 B:90），粉色（R:255 G:90 B:150），淡粉色（R:255 G:202 B:220），玫瑰红色（R:162 G:0 B:55），如图2-93所示。

图2-93

5 在画面中从左向右进行拖曳，得到渐变的文字效果，如图2-94所示。

图2-94

6 选择前三个字母为选区，选择工具箱中的【移动工具】 ▸⊕ ，按住【Alt】键，拖曳复制选区图形，如图2-95所示。

图2-95

7 同时按向上键【↑】，再按向左键【←】，重复多次，直至出现立体效果，按【Ctrl+J】快捷键复制选区图层，如图2-96所示。

图2-96

8 选择第四个字母，并按向右【→】和向上【↑】的方向键，制作立体效果，并按【Ctrl+J】快捷键得到复制图层"图层2"，如图2-97所示。

图2-97

9 按住【Ctrl】键单击"图层1"的缩略图，获取"图层1"的选区，如图2-98所示。按住【Ctrl+Shift】键单击"图层2"的缩略图，加选"图层2"选区，如图2-99所示。

图2-98　　　　　图2-99

10 此时四个字母基本框架均已载入选区，如图2-100所示。

图2-100

11 选择工具箱中的【渐变工具】▇▏，在画面中从上向下进行拖曳，得到渐变的效果，如图2-101所示。

图2-101

12 按住【Ctrl】键单击"love"图层的缩略图，获取选区，如图2-102所示。按【Ctrl+Shift+C】快捷键复制所有图层选区内的图像，并按【Ctrl+V】快捷键粘贴，此时会出现一个带有完整图像的"图层3"，如图2-103所示。

图2-102　　　　图2-103

13 选择工具箱中的【移动工具】▸♦，将主体文字拖曳到"爱在夏日"文档中，如图2-104所示。

图2-104

14 选择工具箱中的【钢笔工具】◊，在画面中绘制出一个彩带的轮廓，如图2-105所示。

图2-105

15 按【Ctrl+Enter】快捷键将路径转换为选区，并将图层名称重命名为"彩带"图层。在【图层】面板中选择"彩带"图层，选择工具箱中的【渐变工具】▇▏，在画面中从左向右进行拖曳，得到一个渐变的彩带效果。按【Ctrl+D】快捷键取消选区，效果如图2-106所示。

图2-106

步骤6 添加相关元素

1 打开光盘中的图片文件"Chap02/绿叶.jpg"，如图2-107所示。

图2-107

2 在【通道】面板中将"蓝"通道拖曳到【创建新通道】按钮◙上,得到"蓝副本"通道,如图2-108所示。

图2-108

3 按【Ctrl+L】快捷键执行【色阶】命令,在弹出的对话框中进行参数设置。设置完成后单击【确定】按钮,如图2-109所示。

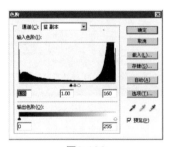

图2-109

4 按住【Ctrl】键单击"蓝副本"的通道缩略图,获取选区,如图2-110所示。

图2-110

5 选择"RGB"通道,按【Ctrl+Shift+I】快捷键执行【反向】命令,此时绿叶已被选中,如图2-111所示。

图2-111

6 选择工具箱中的【移动工具】,将绿叶拖曳到"爱在夏日"文档中,并将其图层重命名为"绿叶",如图2-112所示。

图2-112

7 复制多个"绿叶"图层,并调整其位置,如图2-113所示。

图2-113

⑧ 打开光盘中的图片文件"Chap 02/蝴蝶.psd",如图2-114所示。

图2-114

⑨ 按住【Ctrl】键单击"Alpha 1"的通道缩略图,获取选区,如图2-115所示。

图2-115

⑩ 按【Ctrl+Shift+I】快捷键执行【反向】命令,此时蝴蝶被选中,如图2-116所示。

图2-116

⑪ 选择工具箱中的【移动工具】,将蝴蝶拖曳到"爱在夏日"文档中,如图2-117所示。

图2-117

⑫ 复制多个"蝴蝶"图层,并调整其位置及角度,如图2-118所示。

图2-118

步骤7 添加主演

① 打开光盘中的图片文件"Chap 02/GG.jpg",如图2-119所示。

图2-119

2 利用前面的钢笔勾勒轮廓的方法，勾勒出人物路径，并按【Ctrl+Enter】快捷键将其转换为选区，如图2-120所示。

图2-120

3 选择工具箱中的【移动工具】，将选区中的人物拖曳到"爱在夏日"文档中，并重命名图层为"GG"，如图2-121所示。

图2-121

4 按住【Ctrl】键单击"GG"图层的缩略图，将人物载入选区，如图2-122所示。

图2-122

5 按【Ctrl+Alt+D】快捷键，在弹出的【羽化选区】对话框中进行参数设置，对选区进行羽化，单击【确定】按钮，如图2-123所示。

图2-123

6 执行菜单【选择】→【修改】→【收缩】命令，在弹出的对话框中进行参数设置，如图2-124所示。单击【确定】按钮，效果如图2-125所示。

图2-124

图2-125

7 按【Ctrl+Shift+I】快捷键反选选区，将人物边缘虚化，执行菜单【滤镜】→【模糊】→【高斯模糊】命令，在弹出的对话框中进行参数设置，如图2-126所示。单击【确定】按钮，效果如图2-127所示。

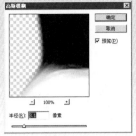

图2-126

图2-127

⑧ 打开光盘中的图片文件 "Chap 02/MM.jpg"，如图2-128所示。

图2-128

⑨ 利用前面的方法，将 "MM.jpg" 图片处理好并拖曳到 "爱在夏日" 文档中，如图2-129所示。

⑩ 单击【图层】面板底部的【创建新的填充或调整图层】按钮 ◐.，在弹出的菜单中选中【纯色】命令，在弹

出的【拾色器】中将颜色值设置为黄褐色（R:123 G:106 B:70），如图2-130所示。

图2-129

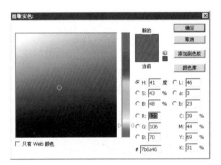

图2-130

⑪ 单击【确定】按钮，【图层】面板中会自动生成一个 "颜色填充1" 图层。此时画面色彩更加统一了，如图2-131所示。

图2-131

⑫ 选择工具箱中的【横排文字工具】 **T**，根据需要在画面的左上方输入文字，并设置文字属性，如图2-132所示。

图2-132

13 在画面的左下方输入相关文字，并设置合适的字体和字号，如图2-133所示。

图2-133

14 双击版权文字图层，在弹出的【图层样式】对话框的样式列表中选择【阴影】选项，并在对话框中进行参数设置，如图2-134所示。

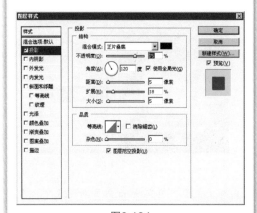

图2-134

15 单击【确定】按钮，此时画面中的文字出现了阴影效果，如图2-135所示。

图2-135

16 根据需要，将电影海报需要的品牌标志一一拖曳到文档中，如图2-136所示。

图2-136

17 在画面右上角输入相关的电影文字简介。至此，本实例就完成了。最终效果如图2-137所示。

图2-137

2.3　技艺拓展——学习色相/饱和度 ❯ ❯ ❯

　　【色相/饱和度】命令主要用于改变图像像素的色相、饱和度和明度，而且还可以用来为像素定义新的色相和饱和度，实现为灰度图像着色的功能，也可用于创作单色调图像效果。

2.3.1　色相/饱和度对话框

　　执行菜单【图像】→【调整】→【色相/饱和度】命令或按【Ctrl+U】快捷键，弹出的【色相/饱和度】对话框如图2-138所示。

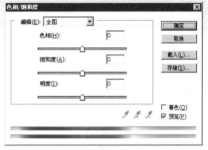

图2-138

　　【编辑】：在此下拉列表中可选择要进行调整的颜色范围。在列表栏内若选择【全图】，表示调整对图像中所有像素起作用。也可以选择其他单独的颜色进行调节。

　　【色相】：可以在文本框中输入数值或者在滑杆上左右拖动滑块来对色相进行调整，范围是–180 ~ +180。

　　【饱和度】：可以在文本框中输入数值或者在滑杆上左右拖动滑块来对饱和度进行调整，范围是–100 ~ +100。

　　【明度】：可以在文本框中输入数值或者在滑杆上左右拖动滑块来对颜色亮度进行调整，范围是–100 ~ +100。

　　【着色】：选中此复选框，可以为灰度图像或黑白图像上色，产生单色调的效果。

2.3.2　色相/饱和度的应用

1 打开一张图片，原图效图如果2-139所示。

图2-139

2 在画面中选取选区，图像效果如图2-140所示。

图2-140

3 按【Ctrl+U】快捷键执行【色相/饱和度】命令，在弹出的对话框中进行参数设置，如图2-141所示。

图2-141

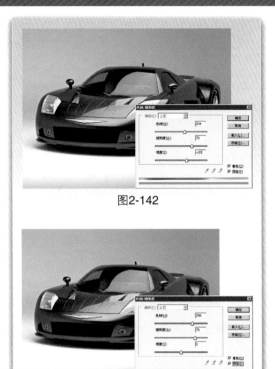

图2-142

4 继续在【色相/饱和度】对话框中进行参数设置，如图2-142所示。

5 继续在【色相/饱和度】对话框中进行参数设置，此时的图像效果，如图2-143所示。

图2-143

文件位置

原始：Chap 03/耳麦.jpg
　　　Chap 03/白鸽.jpg
　　　······
效果：Chap 03/身临其境.psd

Chapter **03**
身临其境 (产品海报)

制作要点：

▲ 本实例以大胆而新奇的构思，使听觉效果通过画面形式完美地展现
出来，成功的塑造了产品的视听效果，犹如"身临其境"。在制作
的过程中使用了Photoshop中的部分滤镜来制作夸张的图像效果。

实例步骤示意图

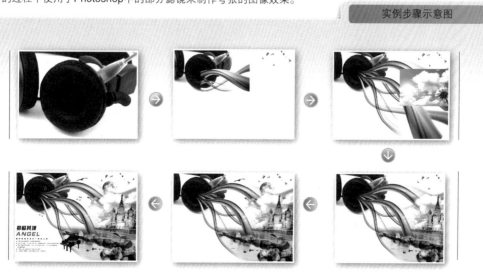

3.1 产品海报知识解析 ＞＞＞

　　产品海报广告关注的是企业与目标消费者之间、建立品牌与促销产品之间相互影响的关系，期望在它们中间建立一座有益沟通的、互动的信息桥梁，也是企业完成市场战略的重要手段之一。其特点是以宣传商品信息为目标，以促使消费者参与商家活动为手段，以企业最终营利为目的。

3.1.1 客户对象

　　产品海报内容涉及商品的性能、规格、质量、质地、配方、工艺技术、使用方法、维护和注意事项等。海报信息的另一层含义是对商品或服务变化情况的告知，产品的改良，产品名称的改变，价格的变动，促销活动的具体细节等。

　　产品海报包括各种商品宣传、促销、企业形象展示以及展览会、交易会、旅游、邮电、交通、保险等服务性质方面的海报，产品海报又可分为品牌、机构、服务与销售类招贴广告。商业海报的设计，要恰当地配合产品的格调和受众对象。

　　商业设计中的宣传海报设计往往以具有艺术表现力的摄影、造型写实的绘画和漫画形式表现居多，给消费者留下真实感人的画面和幽默情趣的感受。产品海报设计画面本身多以生动直观的形象为主，经过多次反复积累，能加深消费者对产品或服务的印象，获得好的宣传效果。海报设计对商家树立名牌、刺激消费者购买欲及增强竞争力有很大的作用。

　　由于产品海报通常是置于公共场所，面对的又是匆匆而过的人流，为了将人们的目光在转瞬之间吸引过来并且驻足观看，对它也就会有一些特殊的要求。如图3-1、图3-2所示是爱普生及其品牌打印机的海报。

图3-1　　　　　　　　　　　　　　　　　　图3-2

3.1.2 设计宗旨

　　首先，要有大胆而新奇的构思。这是触动观众情绪，调动人们思绪并使其理解和记忆的关键。第二，单纯而又突出的形式感。招贴是"瞬间的视觉艺术"，单纯的形式感更易于让人们在短暂的时间内了解一定的信息量。但是，单纯并不是单调，单纯可以是单一元素的突出表现，也可以是诸多元素统一、协调和完整的表现。它是一种强烈的单纯，一种夺目的单纯。第三，独特而具有个性的表现方式。

　　在纷乱喧嚣的信息大潮之中，如何将自己与他人区分开来呢？这就需要独特而又个性的特征。这种独特的个性又是有限度的，它应该在人们理解和接受的同时，能够引发人们的共鸣与认同，并得到更高层次的个性化的满足与享受。相关资料如图3-3、图3-4所示。

图3-3

图3-4

3.1.3 色彩运用

　　蓝色属冷色系。这个色彩具有清洁和干净的感觉，而河面上隐隐浮现的绿色弥漫在湖面上，给一种幽静的感觉。深海蓝色是蓝色中最有力量的色彩。

　　强烈的黄色容易吸引人们的视线，所以在市场销售上，黄色既鲜艳又明朗，并且体现出幸福的感觉。

　　本例采用的颜色及色值如图3-5所示。

主色调	辅色调	点睛色	背景色
C:70 M:65 Y:40 K:80	C:20 M:30 Y:90 K:0 C:70 M:20 Y:100 K:0	C:20 M:70 Y:90 K:0 C:100 M:100 Y:10 K:0 C:0 M:30 Y:30 K:0	C:100 M:100 Y:100 K:100

图3-5

Tips – 提示·技巧

> 1. 蓝色+白色：呈现出响亮、干净和清澈，体现出现代都市张扬时尚的气息。
> 2. 蓝色+土黄色：减弱可能造成的单调感，丰富面板色阶的过渡，调和页面的视觉感受。
> 3. 蓝色+黄色：营造出非常愉悦和谐的气氛。

3.2 产品海报技术解析 > > >

制作要点：本实例主要使用液化滤镜、画笔工具、套索工具、钢笔工具、蒙版工具等来进行制作。

制作尺寸：标准尺寸有13cm×18cm、19cm×25cm、30cm×42cm、42cm×57cm、50cm×70cm、60cm×90cm、70cm×100cm，本实例采用的尺寸为横版的42cm×30cm。

3.2.1 选择素材

"ANGEL公司是一家以研发、生产、销售耳机等音频产品为主营业务的专业厂商。公司自成立以来，充分整合各方资源，注重设计和研发，现拥有一支来自海内外专家组成的研发团队，其外形设计紧握时代脉搏、引领时尚潮流。所研发的产品获得多项专利认证，并通过FCC，CE认证。雄厚的研发实力和独特的专利技术赢得了欧美、亚洲等国家客户的好评。

目前ANGEL电子拥有模具制造、塑胶注塑、烤漆、丝印、产品制造装配等现代化生产设备和完善的配套设施，采取全流水线封闭式生产，自动化检测与分析系统。公司的品质管理依据ISO-9001国际质量体系认证要求，坚持品质至上的原则，产品精益求精。"

本例要为新耳麦产品做一个宣传海报，要求画面新颖，能够传达产品的功能性，突出耳麦的高保真收听效果，通过画面使消费者了解其高保真的收听效果，给人一种身临其境的感觉！

根据这些叙述，本例选择了耳麦、蓝色彩绸、教堂等素材，如图3-6至图3-8所示。

 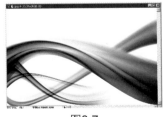 

图3-6   图3-7   图3-8

3.2.2 操作步骤

步骤1 制作主体物

1 按【Ctrl+N】快捷键执行【新建】
命令，在弹出的对话框中进行参数
设置，得到一个新文件命名为"身临其
境"，如图3-9所示。

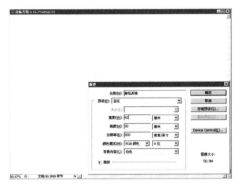

图3-9

2 打开光盘中的图片文件"Chap
03/耳麦.jpg"，如图3-10所示。

图3-10

3 选择工具箱中的【移动工具】▸₊，
将耳麦图形拖曳到"身临其境"文
档中，调整其位置与大小，并将图层重
命名为"耳麦"，如图3-11所示。

Tips – 提示·技巧

在打开的文档中可以随意地对图片进行
拖曳。

图3-11

4 选择工具箱中的【画笔工具】✐，
在工具选项栏中进行参数设置，如
图3-12所示。

图3-12

5 单击【图层】面板底部的【添加图
层蒙版】按钮 ◘，为"耳麦"图
层添加蒙版。使用【画笔工具】在耳麦
的右上角进行涂抹，使其自然地与背景
相融合，如图3-13所示。

图3-13

步骤2 添加白鸽元素

1 打开光盘中的图片文件"Chap
03/白鸽.jpg"，如图3-14所示。

图3-14

2 选择工具箱中的【套索工具】 ，在画面上框选白鸽，如图3-15所示。

图3-15

3 选择【移动工具】 ，将选区内的白鸽拖曳到"身临其境"文档中，按【Ctrl+T】快捷键调出自由变换框，调整图形的大小及位置，并将其图层名称重命名为"白鸽"，如图3-16所示。

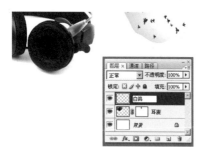

图3-16

4 在【图层】面板中将"白鸽"的图层混合模式设置为【强光】，如图3-17所示。

图3-17

步骤3 添加蓝色彩带

1 打开光盘中的图片文件"Chap 03/蓝.jpg"，如图3-18所示。

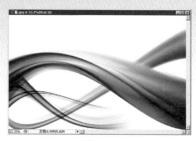

图3-18

2 将"蓝"图像拖曳到"身临其境"文档中，并将其图层名称重命名为"蓝"。按【Ctrl+T】快捷键调出自由变换框，调整图形的大小及位置，选择工具箱中的【魔棒工具】 ，如图3-19所示。在"蓝"图片上单击白色部分，如图3-20所示。

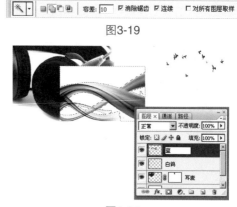

图3-19

图3-20

3 按【Delete】键，删除白色部分，按【Ctrl+D】快捷键取消选区，效果如图3-21所示。

图3-21

4 执行菜单【滤镜】→【液化】命令，在弹出的对话框中进行参数设置，使用左侧的【向前变形工具】☄️对图形进行液化变形处理，完成后单击【确定】按钮，如图3-22所示。

图3-22

Tips – 提示·技巧

　　【液化】滤镜可以利用对话框中的各种工具制作出使图像自然变形的效果，具体效果可进行多次尝试，以达到满意的效果。

5 按【Ctrl+T】快捷键调出自由变换框，按住【Shift】键将"蓝"图形放大并旋转到合适的角度，如图3-23所示。

图3-23

6 按【Enter】键确认编辑，按【Ctrl+J】快捷键复制"蓝"图层，得到"蓝副本"图层，使用【移动工具】调整其位置与角度，如图3-24所示。

图3-24

7 按【Ctrl+E】快捷键执行【向下合并】命令，得到"蓝"图层，如图3-25所示。

图3-25

8 选择工具箱中的【画笔工具】🖌️，在工具选项栏中进行参数设置，如图3-26所示。

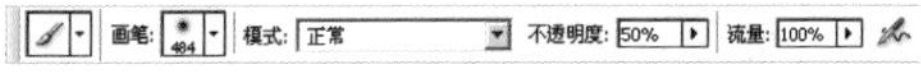

图3-26

9 单击【图层】面板底部的【添加图层蒙版】按钮🔲，为"蓝"图层添加蒙版，使用【画笔工具】将多余的蓝色部分擦除掉，使其自然地与耳麦相融合，如图3-27所示。

图3-27

步骤4　添加天空元素

1 打开光盘中的图片文件"Chap 03/天空与花.jpg"，如图3-28所示。

图3-28

2 使用【移动工具】将"天空与花"图片拖曳到"身临其境"文档中，按【Ctrl+T】快捷键调出自由变换框，调整图形的大小及位置，并将其图层名称重命名为"天空与花"，如图3-29所示。

图3-29

3 选择工具箱中的【画笔工具】 ，在工具选项栏中进行参数设置，如图3-30所示。

图3-30

4 单击【图层】面板底部的【添加图层蒙版】按钮 ，使用【画笔工具】将多余的天空与花部分擦除掉，使其自然地与画面相融合，如图3-31所示。

图3-31

步骤5　添加城堡元素

1 打开光盘中的图片文件"Chap 03/俄罗斯建筑.jpg"，如图3-32所示。

图3-32

2 选择工具箱中的【钢笔工具】 ，在画面上勾勒出教堂的轮廓，如图3-33所示。

图3-33

3 按【Ctrl+Enter】快捷键将路径转换为选区，如图3-34所示。

图3-34

4 使用【移动工具】将教堂图片拖曳到"身临其境"文档中，按【Ctrl+T】快捷键调出自由变换框，调整图形的大小及位置，并将其图层名称重命名为"俄罗斯建筑"，如图3-35所示。

图3-35

5 选择工具箱中的【画笔工具】，并在工具选项栏中进行参数设置，如图3-36所示。

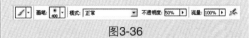

图3-36

6 单击【图层】面板底部的【添加图层蒙版】按钮，将多余的教堂部分擦除，使其自然地与画面融合，如图3-37所示。

图3-37

步骤5 添加河流

1 打开光盘中的图片文件"Chap 03/风景.jpg"，如图3-38所示。

图3-38

2 将风景图片拖曳到"身临其境"文档中，按【Ctrl+T】快捷键调出自由变换框，调整图形的大小及位置，并将其图层名称重命名为"风景"，如图3-39所示。

图3-39

③ 按【Ctrl+T】快捷键调出自由变换框，单击鼠标右键，在弹出的菜单中选择【水平翻转】命令，并调整风景的倾斜角度，如图3-40所示。

图3-40

④ 选择工具箱中的【画笔工具】✎，在工具选项栏中进行参数设置，如图3-41所示。

图3-41

⑤ 单击【图层】面板底部的【添加图层蒙版】按钮◻，将多余的风景部分擦除，使其自然地与画面融合，如图3-42所示。

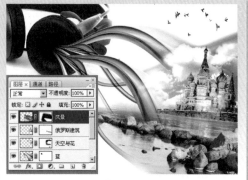

图3-42

步骤6 添加月亮元素

① 打开光盘中的图片文件"Chap 03/月亮.jpg"，如图3-43所示。

图3-43

② 选择工具箱中的【魔棒工具】✎，单击选择白色背景，按【Ctrl+Shift+I】快捷键执行【反向】命令，此时月亮已被选区选中，如图3-44所示。

图3-44

③ 将月亮拖曳到"身临其境"文档中，并将其图层重命名为"月亮"，如图3-45所示。

图3-45

④ 选择工具箱中的【画笔工具】 ✐，在工具选项栏中进行参数设置，如图3-46所示。

图3-46

⑤ 单击【图层】面板底部的【添加图层蒙版】按钮 ◻，为"月亮"图层添加蒙版，然后用【画笔工具】将月亮的右下角部分擦除，使其自然地与画面融合，如图3-47所示。

图3-47

步骤7 添加海豚元素

① 打开光盘中的图片文件"Chap03/海豚.jpg"，如图3-48所示。

② 选择工具箱中的【套索工具】 ♀，在工具选项栏中进行参数设置，如图3-49所示。

图3-48

图3-49

③ 在画面中框选海豚，如图3-50所示。

图3-50

④ 使用【移动工具】将选区内的海豚拖曳到"身临其境"文档中，并将其图层重命名为"海豚"，如图3-51所示。

图3-51

5 选择工具箱中的【画笔工具】 ✎，在工具选项栏中进行参数设置，如图3-52所示。

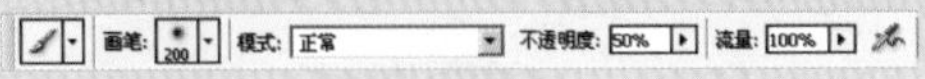

图3-52

6 单击【图层】面板底部的【添加图层蒙版】按钮 ▣，为"海豚"图层添加蒙版，用【画笔工具】将海豚四周多余的部分擦除，使其自然地与画面融合，如图3-53所示。

图3-53

7 在【图层】面板中将"海豚"的图层混合模式设置为【强光】，如图3-54所示。

图3-54

步骤8 添加海鸥元素

1 打开光盘中的图片文件"Chap 03/大海鸥.jpg"，如图3-55所示。

图3-55

2 选择工具箱中的【钢笔工具】 ✎，在画面中勾选海鸥的轮廓，如图3-56所示。

图3-56

3 按【Ctrl+Enter】快捷键将路径转换为选区，如图3-57所示。

图3-57

4 将海鸥图形拖曳到"身临其境"文档中，将其图层重命名为"海鸥"，如图3-58所示。

图3-58

5 打开光盘中的图片文件"Chap 03/海鸥2.jpg"，如图3-59所示。

图3-59

6 选择工具箱中的【钢笔工具】 ，在画面中勾选海鸥的轮廓，如图3-60所示。

图3-60

7 按【Ctrl+Enter】快捷键将路径转换为选区，如图3-61所示。

图3-61

8 将海鸥拖曳到"身临其境"文档中，并将其图层重命名为"海鸥2"，如图3-62所示。

图3-62

步骤9 添加音符元素

1 打开光盘中的图片文件"Chap 03/音符.jpg"，如图3-63所示。

图3-63

2 选择工具箱中的【魔棒工具】 ，在工具选项栏中进行参数设置，如图3-64所示。在画面中单击选择白色背景，按【Ctrl+Shift+I】快捷键执行【反向】命令，音符被选取，如图3-65所示。

图3-64

图3-65

3 将音符图形拖曳到"身临其境"文档中，并将其图层重命名为"音符"，如图3-66所示。

图3-66

4 按【Ctrl+J】快捷键复制"音符"图层，得到"音符副本"图层，按【Ctrl+T】快捷键调出自由变换框，调整其位置与角度，如图3-67所示。

图3-67

5 按【Ctrl+J】快捷键复制"音符副本"图层，得到"音符副本2"图层，按【Ctrl+T】快捷键调出自由变换框，调整其位置与角度，如图3-68所示。

图3-68

步骤10 添加钢琴元素

1 打开光盘中的图片文件"Chap 03/钢琴.jpg"，如图3-69所示。

图3-69

2 选择工具箱中的【魔棒工具】，在画面空白处单击选择白色背景，然后按【Ctrl+Shift+I】键进行反选，将钢琴选入选区，如图3-70所示。

图3-70

3 将钢琴拖曳到"身临其境"文档中，并将其图层重命名为"钢琴"，如图3-71所示。

4 选择工具箱中的【横排文字工具】T，根据需要在画面左下角输入文字，并设置其属性。至此，本实例就完成了，最终效果如图3-72所示。

图3-71

图3-72

3.3 技艺拓展——学习液化滤镜

液化滤镜可以制作出变形的效果。执行菜单【滤镜】→【液化】命令，弹出的【液化】对话框如图3-73所示。

3.3.1 液化对话框

膨胀工具

褶皱工具

顺时针旋转扭曲工具

重建工具
向前变形工具

左推工具

抓手工具

缩放工具

解冻蒙版工具

冻结蒙版工具

湍流工具

镜像工具

在使用这些工具前，需要先对【工具选项】选项组中的参数进行设置。

【画笔大小】：设置变形工具的画笔大小。

【画笔密度】：设置变形工具画笔的紧凑程度。

【画笔压力】：设置变形工具的画笔压力。

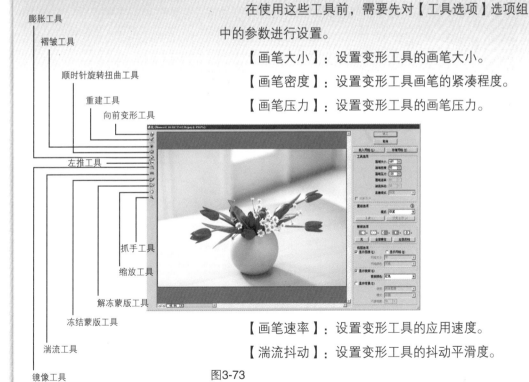

【画笔速率】：设置变形工具的应用速度。

【湍流抖动】：设置变形工具的抖动平滑度。

图3-73

3.3.2　液化滤镜的应用

打开光盘中的图片文件"Chap 03/技艺拓展/身临其境–拓03.jpg"，如图3-74所示。执行菜单【滤镜】→【液化】命令，在【液化】对话框左边共有12种变形工具，下面分别进行介绍。

（1）【向前变形工具】：使用该工具在图像中涂抹，可以将图像沿鼠标拖曳的方向变形，变形后的图像效果如图3-75所示。

图3-74　　　　　　　　　　　　　　　　　图3-75

（2）【重建工具】：图像在经过变形工具变形之后，可以选用该工具将变形的图像局部或全部还原，重建后的图像效果如图3-76所示。

（3）【顺时针旋转扭曲工具】：选择该工具在画面中进行涂抹，可以绘制出漩涡式的变形效果，变形后的图像效果如图3-77所示。

图3-76　　　　　　　　　　　　　　　　　图3-77

（4）【褶皱工具】和【膨胀工具】：【褶皱工具】可以将图像向内侧压缩，造成图像仿佛缩小的效果。而【膨胀工具】则刚好相反，可以将图像向外推挤制造出图像膨胀变大的效果。进行褶皱后的图像效果如图3-78所示，进行膨胀后的图像效果如图3-79所示。

（5）【左推工具】：使用该工具拖曳图像，则图像将以与移动方向垂直的方向移动，造成图像推挤的效果，如图3-80所示。

（6）【镜像工具】：该工具与【左推工具】所造成的效果有些类似，用该工具拖曳图像，则图像将复制并推挤垂直方向的图像，造成图像变形的效果，如图3-81所示。

（7）【湍流工具】：使用该工具在图像上涂抹时，可以产生液体变形的特效，类似于水波纹的效果，变形后的图像效果如图3-82所示。

图3-78

图3-79

图3-80

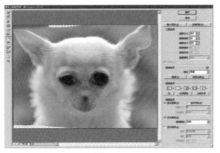

图3-81

（8）【冻结蒙版工具】🖌：当需要图像中的局部变形时，可选择该工具选取不需要变形的部分。涂抹后的效果如图3-83所示。

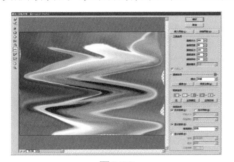

图3-82

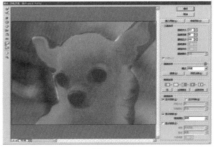

图3-83

（9）【解冻蒙版工具】🖌：对于冻结蒙版画出的冻结薄膜，使用该工具可以去除冻结蒙版，变形后的图像效果如图3-84所示。单击对话框中的【确定】按钮，变形后的最终效果如图3-85所示。

图3-84

图3-85

第2篇
DM宣传品设计

DM宣传品设计

DM设计基本上以精美图片的采用为主要表达方式，除商品类以外的任何宣传册、折页、单页以及相关的平面设计项目，设计效果的好坏，并不取决于设计师当前技术手段的高低和对于流行风格的敏感与否，而是取决于其自身综合文化修养的高低和创造力的广度。

实例
Example

三折页设计："万圣节舞会"实例

本实例介绍了三折页的基本知识与制作方法，如何将不同色调的图片进行处理，然后组合成一副梦幻的画面的整体制作过程。

单页设计："守望湖畔"实例

本实例介绍了制作墨滴效果、石头标志的技巧，以及如何将墨滴、石头、宣纸与国画等元素结合，设计出具有中国古典味道的宣传单页。

宣传册设计："情意咖啡"实例

本实例介绍了使用Photoshop中的多种功能将图片、照片以及其他素材巧妙结合，制作出浪漫十足的宣传手册。

Publicity
Materials
Design

DM宣传品类案例设计

万圣节舞会

技艺拓展：修改命令应用

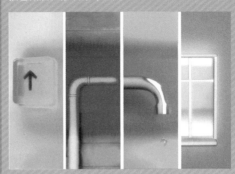

守望湖畔

技艺拓展：滤镜应用

情意咖啡

技艺拓展：变形命令的应用

文件位置

原始: Chap 04/底图.jpg
　　　Chap 04/云月.jpg
　　　……
效果: Chap 04/折页正面.psd
　　　Chap 04/折页反面.psd
　　　Chap 04/折页效果图.psd

Chapter 04
万圣节舞会 (折页设计)

制作要点:

▲ 本实例运用梦幻的色彩、童话般的背景烘托出一幅神秘万圣节之夜
画面，介绍了如何将不同色调的图片进行处理，然后组合成一幅梦
幻的画面的方法，并讲解了折页的基本知识与制作方法，使用了
Photoshop中的添加杂色、标尺、辅助线、复制图层等功能。

实例步骤示意图

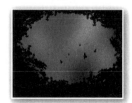

4.1 折页知识解析 › › ›

　　折页有两种含义，一般表示将纸张按照页码顺序折叠成一定尺寸的书贴的过程；它也表示将大幅面纸张印制成几幅画面按照要求折成一定规格幅面的册页，我们在这里讨论的是后一种含义。21世纪的今天，企业宣传折页的设计应用日益广泛。其设计基本上以精美图片为主，有的以写真手法传达实情，有的则以摄影的艺术手法突出美感，再配以相关的文字说明，由此完整地表现企业的风貌和产品的特色。

4.1.1 客户对象

　　首先，应该站在生产者和活动宣传方的立场，充分认识和体会企业的指导思想、企业文化、产品特性和目标对象的层次，以获得有关活动宣传信息的第一手素材。因此，通常活动方提供的资料仅仅是原始的依据，还需要设计者主动出击，全方位对企业信息进行整合。

　　其次，还应该站在市场和受众的方面，分析和归纳消费者的需求，以把握其心理倾向和动机，从中找到最佳的表达方式。信息的正确与否和定位恰当与否将直接决定设计的成败。

　　市场调研和设计定位工作是折页设计的重要前提准备，只有做到以文化、艺术、社会、生活为背景，以市场为目标，以消费者心理为导向，选择不同的表现方式及具体有效的策略，才能在设计上有更好的创意，达到事半功倍的效果。

　　总的来说，除商品类以外的任何文化类宣传折页以及相关的平面设计项目，其设计效果的好坏，并不取决于设计师当前技术手段的高低及其对于流行风格敏感与否，而主要取决于其自身综合文化修养的高低和其思维与创造力的广度和灵活性。因此此类设计没有固定的方法，没有现成的途径，只有自己感受到的东西才能表达得最生动。相关实例如图4-1、图4-2所示。

图4-1

图4-2

4.1.2 设计宗旨

　　在设计折页之前应首先做好资料整理工作，包括内容收集、素材选择、顺序编排、明确主次等。在进行具体设计时，底色一般采用单色或白色，以便突出画面，使其不受其他元素的干扰。精美图片可铺满版面以渲染效果，对有些从印刷品上翻印的图片，原则上要求小于原图尺寸，以使画面尽量保持高品质。

　　在进行版面设计时，为了使横竖规格不一的图片达到统一的视觉效果，首先要确立一个规范暗格，也就是特定的落位标准，包括文字的排列格式、边距标准和分栏距离等，接着进行大致的定位编排，然后再进行细节调整。整体上要合理布局，简洁而大方，实例如图4-3、图4-4所示。

图4-3　　　　　　　　　　　　　　　　图4-4

4.1.3 色彩运用

　　紫色能给人神秘的感觉。这种颜色同时具有红色的火热和蓝色的宁静，其特征是由多样和复杂的颜色形成，具有既艺术又独立的效果。紫色也会使人联想到宗教，在崇尚基督教的罗马时代，国王和王妃及其继承者都身着紫色服装。

　　黑色是现代的新宠，象征着经典和神密。黑色是不灭的主题，以叛逆的灵魂将黑色重新定义，创造出每一个细节都不错过的超强视觉。黑色和夜色相似，因而它又象征"神秘肃穆"等含义。本例采用的颜色及色值如图4-5所示。

主色调　　　　　辅色调　　　　　点睛色　　　　　背景色
C:82 M:100 Y:26 K:0　　C:82 M:100 Y:25 K:0　　C:70 M:0 Y:31 K:0　　C:100 M:100
　　　　　　　　　　C:51 M:100 Y:40 K:0　　C:12 M:10 Y:38 K:0　　Y:100 K:100

图4-5

Tips – 提示·技巧

1. 紫色＋浅色：紫色的纯色明度很低，因此它与浅色搭配，从明度关系上就分出了泾渭。

2. 紫色＋绿色：紫色配绿色是一对复色对比色，它比三原色的对比色要温和含蓄，由于它们都带有一些共同成分，相互配合也会协调得多。

3. 紫色＋暖色：由于紫色发冷，紫色配暖色时，暖色不能直接介入，需要调整纯度或明度才能形成比较和谐的配色。

4.2　折页技术解析 ＞＞＞

　　制作要点：本实例主要使用标尺、辅助线、杂色命令、新建组命令、复制图层等功能来进行制作。

　　制作尺寸：本实例采用的尺寸为21cm×28.5cm，印刷品在最后工艺上会进行裁切，所以在制作时也要每边比实际尺寸多出0.3cm，制作尺寸为21.6cm×29.1cm。

4.2.1　选择素材

　　"每年的10月31日是西方传统的'鬼节'——万圣节。不过这一天的气氛却不像它的名称那样听上去让人'毛骨悚然'。每当万圣节到来，孩子们都会迫不及待地穿上五颜六色的化妆服，戴上千奇百怪的面具，提着一盏'杰克灯'走家串户，向大人们索要节日的礼物。万圣节最广为人知的象征也正是这两样——奇异的'杰克灯'和'不请吃就捣乱'的恶作剧。

　　这样的夜晚，给我们带来的不仅仅是视觉与听觉上的震撼，更多的是给予了年轻人不可缺少的精神食粮。舞台上的每个人，都给那些音乐注入了生命。音乐的本质与内涵是不变的，技术也可以改进，但真正打动人的，还是音乐本身。万圣节与摇滚乐是不可分割的。"

　　根据这些叙述，本实例选择了月亮、云彩、树的剪影等素材，如图4-6至图4-8所示，通过Photoshop中的操作技巧，巧妙设计出符合主题的海报。

图4-6

图4-7

图4-8

4.2.2 操作步骤

步骤1 制作折页正面

1 按【Ctrl+N】快捷键执行【新建】命令，在弹出的对话框中进行参数设置，命名为"万圣节舞会"文件，如图4-9所示。

图4-9

2 按【Ctrl+R】快捷键显示标尺，从标尺内拖曳出4条辅助线，分别放置在画面上的3毫米出血的位置，如图4-10所示。

3 设置前景色为黑色，按【Alt+Delete】快捷键填充黑色，如图4-11所示。

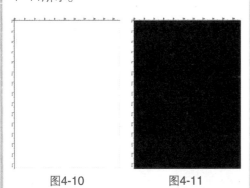

图4-10 图4-11

Tips – 提示·技巧

标尺工具在Photoshop中是经常用到的工具，利用它可以使设计师更加精确地制作文件。

4 在标尺上拖曳出一条垂直的辅助线，位置在0.3cm处，再拖曳出一条水平辅助线，位置在9.8cm处，如图4-12所示。

5 继续在标尺上拖曳出一条水平的辅助线，位置在19.3cm处，此时画面将被两条辅助线分割成3等份，如图4-13所示。

图4-12 图4-13

6 打开光盘中的图片文件"Chap04/底图.jpg"，如图4-14所示。

图4-14

7 按【Ctrl+R】快捷键隐藏标尺，按【Ctrl+;】快捷键隐藏辅助线。选择工具箱中的【移动工具】，将"底图"图片拖曳到"万圣节舞会"文档中，并将其图层重命名为"底图"，如图4-15所示。

8 按【Ctrl+T】快捷键调出自由变换框，按住【Shift】键拉伸图层，将底图旋转角度并撑满画面，如图4-16所示。

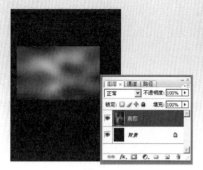

图4-15

图4-16

⑨ 执行菜单【滤镜】→【杂色】→【添加杂色】命令，在弹出的对话框中进行参数设置。设置完成后单击【确定】按钮，效果如图4-17所示。

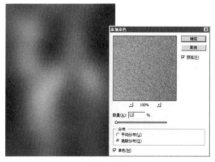

图4-17

⑩ 按【Ctrl+M】快捷键执行【曲线】命令，在弹出的对话框中进行参数设置。设置完成后单击【确定】按钮，得到图像效果如图4-18所示。

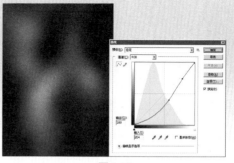

图4-18

⑪ 下面开始制作三折页的第一页。按【Ctrl+R】快捷键显示标尺，按【Ctrl+;】快捷键显示辅助线，选择工具箱中的【矩形选框工具】，在画面下方的三分之一处选取一个矩形，如图4-19所示。

图4-19

⑫ 选择工具箱中的【渐变工具】，在【渐变编辑器】对话框中将左右两侧渐变颜色分别设置为深红色（R:89 G:0 B:5）和深蓝色（R:0 G:0 B:86），如图4-20所示。

图4-20

13 单击【图层】面板底部的【创建新图层】按钮▣，新建"图层1"，在选区中从左向右进行拖曳，得到一个渐变的效果，如图4-21所示。

图4-21

14 将"图层1"的图层混合模式设置为【颜色】，图层【不透明度】设置为"70%"，如图4-22所示。

图4-22

15 打开光盘中的图片文件"Chap04/云月.jpg"，如图4-23所示。

图4-23

16 选择工具箱中的【移动工具】▶⊕，将"云月"图片拖曳到"万圣节舞会"文档中，并将图层重命名为"云月"，如图4-24所示。

图4-24

17 按【Ctrl+T】快捷键调出自由变换框，单击鼠标右键，在弹出的菜单中选择【水平翻转】命令，并按【Enter】键确认编辑，如图4-25所示。

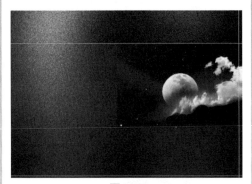

图4-25

18 将"云月"图层的混合模式设置为【变亮】，如图4-26所示。

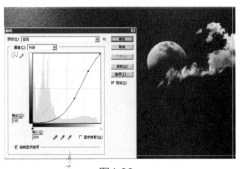

图4-26

19 按【Ctrl+M】快捷键执行【曲线】命令，然后在弹出的对话框中进行参数设置。设置完成后单击【确定】按钮，得到的图像效果如图4-27所示。

图4-27

20 选择工具箱中的【椭圆选框工具】○，按住【Shift】键在画面下方选取一个半圆形选区，如图4-28所示。

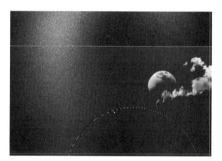

图4-28

21 按【Ctrl+Alt+D】快捷键执行【羽化】命令，在弹出的对话框中进行参数设置。设置完成后单击【确定】按钮，如图4-29所示。

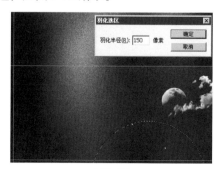

图4-29

22 新建"图层2"，并为其填充白色，然后按【Dtrl+D】快捷键取消选区，如图4-30所示。

图4-30

23 将"图层2"的图层混合模式设置为【叠加】，如图4-31所示。

图4-31

24 打开光盘中的图片文件"Chap 04/剪影1.jpg"，如图4-32所示。

图4-32

25 选择工具箱中的【魔棒】✎，在黑色背景上单击将其载入选区，如图4-33所示。

图4-33

26 选择工具箱中的【移动工具】▶⊕，将选区拖曳到"万圣节舞会"文档中，按【Ctrl+T】快捷键调出自由变换框，调整图形的大小及位置，并将图层重命名为"剪影1"，如图4-34所示。

图4-34

27 打开光盘中的图片文件"Chap04/剪影2.jpg"，如图4-35所示。

图4-35

28 选择工具箱中的【魔棒】✎，在黑色背景上有选择地单击，如图4-36所示。

图4-36

29 选择工具箱中的【移动工具】▶⊕，将选区拖曳到"万圣节舞会"文档中，按【Ctrl+T】快捷键调出自由变换框，调整图形的大小及位置，并将图层重命名为"剪影2"，如图4-37所示。

图4-37

30 选择"云月"图层，然后移动其位置，如图4-38所示。

图4-38

31 打开光盘中的图片文件 "Chap 04/古堡.jpg", 如图4-39所示。

图4-39

32 用【钢笔工具】选择图片中的古堡部分并按【Ctrl+Enter】快捷键将路径转换成选区, 如图4-40所示。

图4-40

33 选择工具箱中的【选择工具】 ，将古堡的选区拖曳到 "万圣节舞会" 文档中, 如图4-41所示。

图4-41

34 新建图层, 并将其重命名为 "古堡", 为此图层填充黑色, 按【Ctrl+D】快捷键取消选区, 如图4-42所示。

图4-42

35 选择工具箱中的【横排文字工具】 T , 在画面中输入文字, 并在【字符】面板中进行参数设置, 如图4-43所示。

图4-43

36 在【图层】面板上双击 "Midnight party" 图层, 在弹出的【图层样式】对话框中进行参数设置, 如图4-44所示。

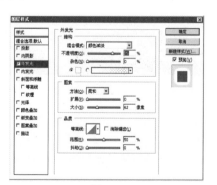

图4-44

37 设置完成后单击【确定】按钮，得到文字的外发光效果，图像效果与【图层】面板如图4-45所示。

图4-45

38 选择工具箱中的【横排文字工具】T，在画面中输入文字，并在【字符】面板中进行参数设置，如图4-46所示，图像效果如图4-47所示。

图4-46

图4-47

39 在【图层】面板中双击"万圣节舞会"图层，在弹出的【图层样式】对话框中进行参数设置，如图4-48所示。

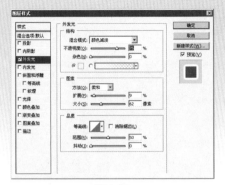

图4-48

40 单击【确定】按钮，文字被添加了外发光效果，图像效果与【图层】面板如图4-49所示。

图4-49

41 选择工具箱中的【横排文字工具】T，在【字符】面板中进行参数设置，如图4-50所示。

图4-50

42 在图像右下角输入文字，效果如图4-51所示。

图4-51

43 在【图层】面板中选择除"背景"
图层、"底图"图层外的所有图
层，单击向下三角按钮▾☰，在弹出的菜
单中选择【从图层新建组】命令，如图
4-52所示。

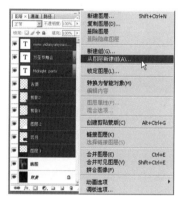

图4-52

44 在弹出的对话框中进行设置，单击
【确定】按钮，如图4-53所示。至
此，宣传折页的正面第1页就制作完了。

图4-53

45 下面开始制作折页的第2页。选择
工具箱中的【矩形选框工具】□，
在画面中间选占画面三分之一的矩形，将
其填充为黑色，并按【Ctrl+D】快捷键取
消选区，如图4-54所示。

图4-54

46 执行菜单【图像】→【旋转画布】→
【180度】命令，将画布进行旋
转，如图4-55所示。

图4-55

47 输入折页的主题文字，包括中文以
及英文，如图4-56所示。

图4-56

48 选择工具箱中的【矩形选框工具】，绘制8个矩形，并填充为白色。将第2页相关图层建立在一个组里面，此时正面的第2页就完成了，如图4-57所示。

图4-57

49 接下来开始正面第3页的制作。在【图层】面板中选择"云月"图层，如图4-58所示。

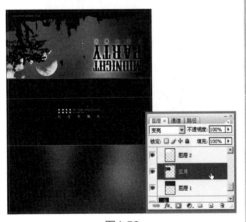

图4-58

50 按【Ctrl+J】快捷键复制"云月"图层，得到"云月副本"图层，并将其位置移动到第3页上，调整"云月"图形的位置及角度，如图4-59所示。

51 将"云月副本"图层拖曳到"组2"的下方，如图4-60所示。

图4-59

图4-60

52 选择工具箱中的【矩形选框工具】，在画面中框选矩形选区，如图4-61所示。

图4-61

53 选择工具箱中的【渐变工具】▢，参数设置如图4-62所示。单击【图层】面板底部的【创建新图层】按钮▢，新建"图层4"，在选区中从左向右进行拖曳，得到一个渐变的效果，如图4-63所示。

图4-62

图4-63

54 将"图层4"的图层混合模式设置为【颜色】，图层【不透明度】设置为"70%"，如图4-64所示。

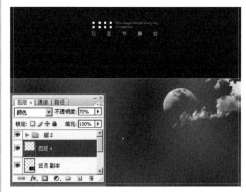

图4-64

55 新建"图层5"，用【椭圆选框工具】〇制作一个羽化的圆形，如图4-65所示。

图4-65

56 将"图层5"的图层混合模式设置为【叠加】，如图4-66所示。

图4-66

57 打开光盘中的图片文件"Chap 04/剪影3.jpg"，如图4-67所示。

图4-67

58 选择工具箱中的【魔棒工具】⚲，在黑色背景上单击选取选区，如图4-68所示。

图4-68

59 选择工具箱中的【移动工具】▶+，将选区拖曳到"万圣节舞会"文档中，如图4-69所示。

图4-69

60 按【Ctrl+T】快捷键调出自由变换框，按住【Shift】键拉伸图层，调整其位置与角度，如图4-70所示。

图4-70

61 复制"古堡"图层，得到"古堡副本"图层，将其放置到第3页合适的位置，并调整图层的位置，如图4-71所示。

图4-71

62 重新拖曳"剪影2"图片到第3页中调整其位置与角度，如图4-72所示。

图4-72

63 复制多个"剪影2"图层，并调整其位置以及角度，效果如图4-73所示。

图4-73

64 在第3页的左上角与右下角的位置处添加相关文字，如图4-74所示。

图4-74

65 打开光盘中的图片文件"Chap 04/路线图.jpg",如图4-75所示。

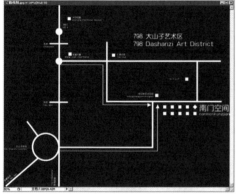

图4-75

66 选择工具箱中的【移动工具】 ，将线路图拖曳到"万圣节舞会"文档中,调整图片位置及大小,如图4-76所示。

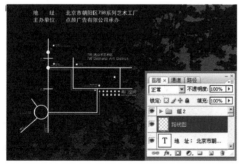

图4-76

67 此时3折页的正面就完成了,最终效果如图4-77所示。

图4-77

步骤2 制作折页反面

1 下面开始制作3折页的反面。按【Ctrl+N】快捷键执行【新建】命令,在弹出的对话框中进行参数设置,得到命名为"万圣节舞会反面"的新文件,如图4-78所示。

图4-78

2 设置前景色为黑色,按【Alt+Delete】快捷键填充黑色,如图4-79所示。

3 按照正面背景的制作方法，制作出反面背景，如图4-80所示。

图4-79　　　　　　　图4-80

4 显示标尺，制作与正面位置相同的辅助线，在"万圣节舞会"文档中将两个渐变颜色图层拖曳到"万圣节舞会反面"文档中，并调整其位置，如图4-81所示。

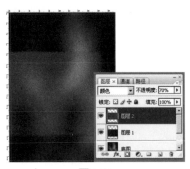

图4-81

5 将"剪影2"图层拖曳到"万圣节舞会反面"文档中，并调整其角度以及位置，效果如图4-82所示。

图4-82

6 将相关的文字信息输入到画面中，并根据需要调整位置，如图4-83所示。

图4-83

7 将相关的标志拖曳到文档中，并调整其位置，如图4-84所示。

图4-84

8 将相关的图片拖曳到文档中，并调整其位置与大小。至此，三折页的反面也完成了，如图4-85所示。

图4-85

步骤3 | 制作折页效果图

1 下面开始制作3折页的效果图。按
【Ctrl+N】快捷键执行【新建】命
令，在弹出的对话框中进行参数设置，
得到命名为"万圣节舞会效果图"的文
件，如图4-86所示。

图4-86

2 选择工具箱中的【渐变工具】 ■.，
工具选项栏中的参数设置如图
4-87所示。

图4-87

3 新建"图层1"，用【渐变工具】
■.在画面中进行拖曳，得到的渐
变效果如图4-88所示。

图4-88

4 继续在画面中进行拖曳，得到不规
则的渐变效果，如图4-89所示。

图4-89

5 切换到"万圣节舞会反面"文档
中，在【图层】面板中单击向下三
角按钮，在弹出的菜单中选择【拼合图
像】命令，如图4-90所示。

图4-90

6 在【图层】面板中将只剩下"背景"图层，这样方便下面的操作，【图层】面板如图4-91所示。

图4-91

7 在画面上方的三分之一位置处框选一个矩形，按【Ctrl+C】快捷键执行【复制】命令，如图4-92所示。

图4-92

8 切换到"万圣节舞会效果图"文档中，按【Ctrl+V】快捷键执行【粘贴】命令，如图4-93所示。

图4-93

9 按【Ctrl+T】快捷键调出自由变换框，按住【Ctrl】键调整单个节点，制作出透视的效果，如图4-94所示。

图4-94

10 将折页反面的其他两页也分别复制到"万圣节舞会效果图"文档中，并调整角度使其产生透视效果，如图4-95所示。

图4-95

11 根据反面折页的外形，绘制一个羽化的影子选区，填充黑色，并将其图层【不透明度】设置为"80%"，如图4-96所示。

图4-96

12 按照刚才的步骤，将三折页正面的效果也制作出来，如图4-97所示。

图4-97

13 在画面的右下角添加主题的名称，至此，效果图就完成了。最终效果如图4-98所示。

图4-98

4.3 技艺拓展——学习修改选区命令 ❯❯❯

【修改】命令主要是用来修改已经编辑好的选取区域，其子菜单中包括【边界】、【平滑】、【扩展】、【收缩】、【羽化】5个命令。

4.3.1 修改命令

执行菜单【选择】→【修改】命令，在【修改】命令的子菜单中，包括了【边界】、【平滑】、【扩展】、【收缩】、【羽化】等菜单命令，如图4-99所示。

【边界】：此命令可以在原有选取范围的基础上，用一个包围选取区域的边框来代替原选取区域，但此时只能对边框选区进行修改。

图4-99

【平滑】：此命令可以使选取范围达到一种连续而且平滑的选区效果，通过在选取区域边缘上增加或减少像素即可改变边缘的粗糙程度，粗糙程度的像素值可在弹出的【平滑选区】对话框内【取样半径】中设置，数值越大，设置完成后的平滑程度也就越大。【取样半径】的取值范围为1~100像素。

【扩展】：使用该命令，可以将当前的选取区域向外扩展若干个像素，此时选取范围均等地扩大，要扩充的像素数目可以在【扩展选区】对话框中的【扩展量】参数设置栏内设置，其取值范围为1～100像素。

【收缩】：该命令与【扩展】命令的功能相反，使用该命令可以将选取区域按设置的像素数目向内收缩。

【羽化】：在弹出的对话框中进行羽化值的设置，可以得到柔化选区边缘的效果，【羽化半径】数值越大，柔化的程度就越大。

4.3.2 修改命令应用

1 打开一张图片，原图效果如图4-100所示。

图4-100

2 使用【矩形选框工具】▢在画面中框选一个矩形选区，图像效果如图4-101所示。

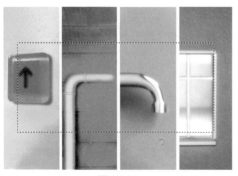

图4-101

3 执行菜单【选择】→【修改】→【边界】命令后，图像中的选择区域效果如图4-102所示。

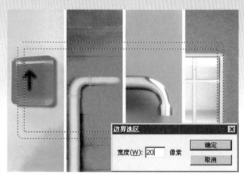

图4-102

4 按【Ctrl+U】快捷键执行【色相/饱和度】命令，在弹出的对话框中进行参数设置，如图4-103所示。

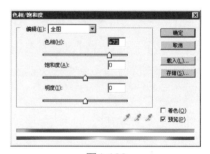

图4-103

5 改变色相后的图像效果如图4-104所示。

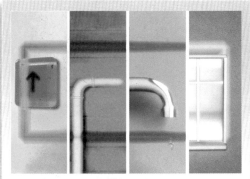

图4-104

⑥ 恢复到最原始的选区，执行菜单【选择】→【修改】→【平滑】命令并执行【色相/饱和度】命令，如图4-105所示。

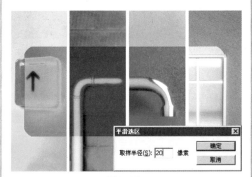

图4-105

⑦ 恢复到最原始的选区，执行菜单【选择】→【修改】→【扩展】命令并执行【色相/饱和度】命令，效果如图4-106所示。

⑧ 恢复到最原始的选区，执行菜单【选择】→【修改】→【收缩】命令并执行【色相/饱和度】命令，效果如图4-107所示。

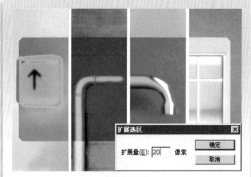

图4-106

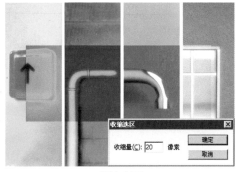

图4-107

⑨ 恢复到最原始的选区，执行菜单【选择】→【修改】→【平滑】命令并执行【色相/饱和度】命令，效果如图4-108所示。

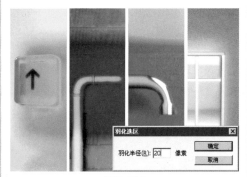

图4-108

文件位置

原始：Chap 05/宣纸.jpg
　　　Chap 05/墨滴.psd
　　　……

效果：Chap 05/守望湖畔正面.psd
　　　Chap 05/守望湖畔反面.psd
　　　……

Chapter 05
守望湖畔 (房地产宣传单页设计)

制作要点：

▲ 本实例使用国画中曲径通幽的意境渲染出中式别墅安逸恬静的生活环境，从细节中体味完美生活。同时介绍了使用Photoshop制作出效果逼真的墨滴与石头的质感效果，以及将各个元素融合在同一个画面中，打造出浓郁中国古典绘画味道的宣传单页。

实例步骤示意图

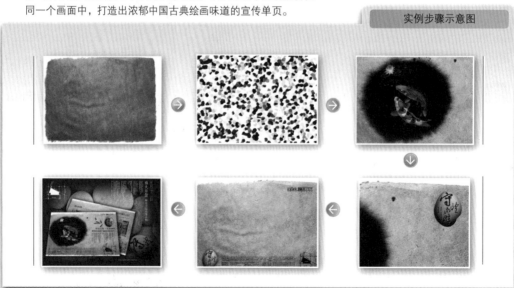

5.1 房地产宣传单页知识解析 > > >

房地产广告单页顾名思义就是单张印刷品，一般为双面彩色。幅面尺寸在八开以内的一般称为DM，大于八开一般称为海报。DM本意是直接邮寄广告（direct mail），简称DM。由于DM是放在信封里通过邮寄发放给受众的印刷品广告，所以DM尺寸一般幅面较小并采用折页形式。房地产销售中常把幅面较小的房地产广告印刷品统称为DM。

5.1.1 客户对象

房地产广告的表现是一种理性的表述。以理性为前提说明它本身有别于纯艺术表现，它不是纯粹个人化情感的宣泄和流露。而所谓游戏感对每一位设计师而言，都不可否认地存在着，在设计过程中，时而清晰时而模糊，或是形式的游戏，或是知识的游戏，或是程序的游戏，也或许是命题的游戏。我们认为，"理性"更注重将设计要素转化为具体可见的销售手段，或者在设计作品中具体呈现出来的各种"表现方式"。从根本上说，广告策略通过对市场、消费者、楼盘、竞争状况进行分析，找出项目的核心价值点，而设计人员所要解决的核心问题就是将广告信息传递给诉求对象并以最大的力度吸引消费者关注。

设计本身是广告的基础，房地产广告设计包括两部分，一是房地产知识，二是驾驭广告的能力。但广告的最终目的是改变消费者的购买行为，影响消费者的消费观念。实例如图5-1、图5-2所示。

图5-1

图5-2

房地产平面广告包括十大常见种类：报纸广告、杂志广告、楼书设计、单页(折页)、展板设计、灯箱广告、看板设计、条幅彩旗、手提袋设计、车身广告设计等。不同手段、不同风格的视觉表现将会带来不同的视觉感受与销售结果。本实例着重介绍了房地产广告单页的创意设计。

5.1.2　设计宗旨

　　DM广告单页是印刷品，在设计时除考虑开本大小外，还必须考虑用纸和印刷工艺。销售单页用纸主要有铜版纸、哑粉纸和艺术纸。铜版纸又称印刷涂布纸。它是在原纸上涂布一层白色浆料，以填充纸坯表面凹凸不平的纤维间隙，经压光而成。铜版纸表面白度、光洁度、平滑度都较高。哑粉纸为亚光铜版纸，印刷效果柔和高雅。艺术纸是指采用独特生产工艺或独特原料配方生产出来的具有特殊肌理效果或特异纸质特色的高级印刷用纸，品种较多。楼书和单页DM用艺术纸个性表现力强，有高贵感，但价格较昂贵。实例资料如图5-3、图5-4所示。

图5-3

图5-4

5.1.3　色彩运用

　　米黄色是温馨的象征，米色系是使人感到舒服和清新的色相。

　　米色是中性的颜色，与白色一样，很容易作陪衬，且给人和谐、优雅及自信的感觉。在各种色彩中，米色属于受欢迎的颜色。就连婚纱也经常采用这种颜色，它给人亲善而稳重之感，且能显示出其独特品味。

　　本例采用的颜色及色值如图5-5所示。

主色调
C:14 M:25 Y:42 K:0

辅色调
C:7 M:17 Y:42 K:0
C:51 M:59 Y:79 K:5

点睛色
C:83 M:72 Y:36 K:1
C:11 M:97 Y:100 K:0
C:16 M:15 Y:22 K:0

背景色
C:69 M:78
Y:100 K:58

图5-5

1. 米黄色+黑色：米黄色搭配黑色，呈现稳重的感觉。
2. 米黄色+蓝色：这两种颜色搭配，呈现出明亮和清新感觉。
3. 米黄色+红色：这两种颜色搭配，会更加突出红色的明亮和艳丽。

5.2　房地产单页技术解析 ▷ ▷ ▷

制作要点： 本实例主要使用杂色、点状化、风、极坐标、光照效果等滤镜及羽化选区命令来进行制作。

制作尺寸： 本实例采用的尺寸为21cm×28.5cm，印刷品在最后的工艺上会进行裁切，所以在制作时一定要比实际尺寸每边多出0.3mm，制作尺寸为21.6cm×29.1cm。

5.2.1　选择素材

"湖畔房地产（集团）股份有限公司是湖畔集团控股公司，是湖畔集团房地产业务的运作平台，是国家一级房地产开发资质企业。2006年7月31日，公司的股票在上海证券交易所挂牌上市，成为股权分置改革后重启IPO市场的首批上市的第一家房地产企业。截止8月底，公司总市值为159.67亿元，资产总额136.34亿元。

公司在房地产开发中一贯主张'和谐生活，自然舒适'的开发理念，专注于'和谐、自然、舒适'的产品特色营造，不断提升产品的质量，为老百姓建造高品质的精品住宅，代表了一个新居住时代的发展方向，引领着时代的潮流，得到了社会各界和广大消费者的广泛认同和高度赞赏。

新一期守望湖畔工程开始运行，宣传方向为用中国式的手法表现独立式别墅区的优雅安静，能在繁忙的都市中找到一席安家之地。"

根据这些叙述，本实例选择了宣纸、国画鱼、石头等素材，如图5-6至图5-8所示。

图5-6　　　　　　　　　　图5-7　　　　　　　　　　图5-8

5.2.2　操作步骤

步骤1　制作单页正面

1 按【Ctrl+N】快捷键执行【新建】命令，在弹出的对话框中进行参数设置，命名为"守望湖畔"，如图5-9所示。

图5-9

2 按【Ctrl+R】快捷键显示标尺，并从标尺内拖曳出4条辅助线，放在画面上的3毫米出血的位置，如图5-10所示。

图5-10

3 打开光盘中的图片文件"Chap 05/宣纸.jpg"，如图5-11所示。

图5-11

4 选择工具箱中的【移动工具】，将宣纸图片拖曳到"守望湖畔"文档中，并将其重命名为"宣纸"，如图5-12所示。

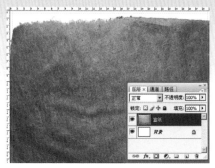

图5-12

5 按【Ctrl+M】快捷键执行【曲线】命令，然后在弹出的对话框中进行参数设置。设置完成后单击【确定】按钮，得到的图像效果如图5-13所示。

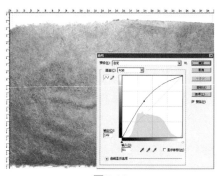

图5-13

步骤2　制作墨滴

1 按【Ctrl+N】快捷键执行【新建】命令，在弹出的对话框中进行参数设置，得到"墨滴"文件，如图5-14所示。

2 按【Ctrl+J】快捷键复制图层，得到"图层1"，如图5-15所示。

图5-14

图5-15

③ 执行菜单【滤镜】→【杂色】→
【添加杂色】命令，在弹出的对
话框中进行参数设置。设置完成后单击
【确定】按钮，如图5-16所示。

图5-16

Tips - 提示·技巧

　　将"背景"图层拖曳到【创建图层】按
钮 🔲 上，得到的是"背景副本"图层，如果
采取按【Ctrl+J】快捷键的方法复制图层，得
到的则是"图层1"。

④ 执行菜单【滤镜】→【像素化】→
【点状化】命令，在弹出的对话框
中进行参数设置，设置完成后单击【确
定】按钮，如图5-17所示。

图5-17

⑤ 选择工具箱中的【磁性套索工具】
🔍，在工具选项栏中进行参数设
置，如图5-18所示。在画面中选取选
区，如图5-19所示。

图5-18

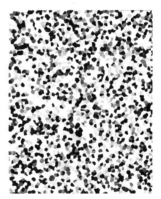

图5-19

⑥ 新建"图层2"，在前景色为黑色
的状态下，按【Alt+Delete】快捷
键填充前景色黑色，按【Ctrl+D】快捷
键取消选区，效果如图5-20所示。

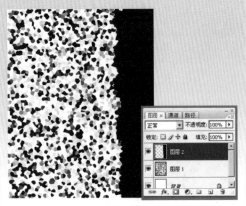

图5-20

7 执行菜单【滤镜】→【风格化】→【风】命令，在弹出的对话框中进行参数设置。设置完成后单击【确定】按钮，如图5-21所示。

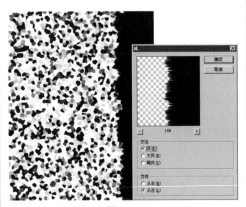

图5-21

8 将"图层2"的【不透明度】设置为"85%"，如图5-22所示。

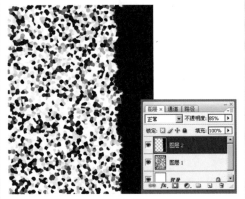

图5-22

9 按照刚才的步骤，选取选区制作第2个层次的不规则色块，如图5-23所示。

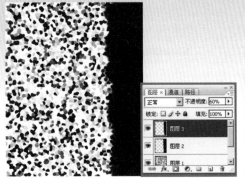

图5-23

10 按照刚才的步骤，制作第3个层次的不规则色块，如图5-24所示。

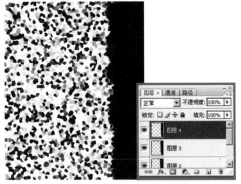

图5-24

11 在【图层】面板中单击"图层1"前面的【指示图层可见性】按钮 ，将"图层1"暂时隐藏，如图5-25所示。

图5-25

12 将"背景"图层也暂时隐藏，按【Ctrl+A】快捷键全选图像，如图5-26所示。

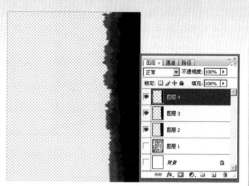

图5-26

13 按【Shift+Ctrl+C】快捷键复制图像，按【Ctrl+V】快捷键粘贴图像，得到一个新图层，并重命名为"墨滴"，如图5-27所示。

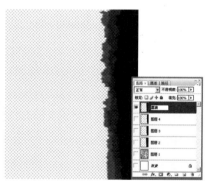

图5-27

14 在【图层】面板中单击"背景"图层前面的【指示图层可见性】按钮 ，将"背景"图层显示出来，如图5-28所示。

15 按【Ctrl+T】快捷键，调出自由变换框，将墨滴旋转，并放置在画面的顶部，如图5-29所示。

图5-28

图5-29

16 执行菜单【滤镜】→【扭曲】→【极坐标】命令，在弹出的对话框中进行参数设置，如图5-30所示。

图5-30

17 单击【确定】按钮，得到的画面效果如图5-31所示。

图5-31

18 按【Ctrl+J】快捷键复制图层，得到"墨滴副本"图层，如图5-32所示。按【Ctrl+E】快捷键向下合并图层，并将图层重命名为"墨渍"，如图5-33所示。

图5-32

图5-33

19 把墨渍图片移动到"守望湖畔"文档中，并重命名图层名称为"墨渍"，如图5-34所示。

图5-34

20 打开光盘中的图片文件"Chap 05/锦鲤.jpg"，如图5-35所示。

21 按【Ctrl+M】快捷键执行【曲线】命令，然后在对话框中进行参数设置。设置完成后单击【确定】按钮，得到的图像效果如图5-36所示。

图5-35

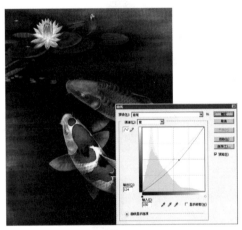

图5-36

22 选择工具箱中的【移动工具】，将鲤鱼图片拖曳到"守望湖畔"文档中，并将图层重命名为"锦鲤"，如图5-37所示。

图5-37

23 选择工具箱中的【画笔工具】 🖉，并在工具选项栏中设置其属性，如图5-38所示。单击【图层】面板底部的【添加图层蒙版】按钮 ◻，为"锦鲤"图层添加蒙版，在画面多余的部分进行涂抹，如图5-39所示。

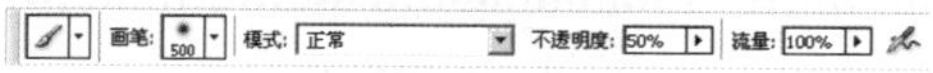

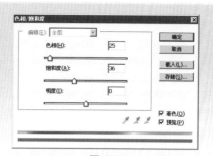

| 🖉 ▾ | 画笔: ✳︎500 | 模式: 正常 ▾ | 不透明度: 50% ▸ | 流量: 100% ▸ | ✎ |

图5-38

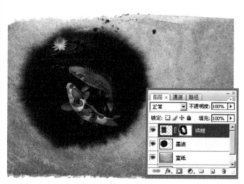

图5-39

24 复制"锦鲤"图层，得到"锦鲤副本"图层，如图5-40所示。隐藏"锦鲤副本"图层，选择"锦鲤"图层，如图5-41所示。

图5-40

图5-41

25 执行菜单【图像】→【调整】→【色相/饱和度】命令，在弹出的对话框中进行参数设置，如图5-42所示。

26 单击【确定】按钮，得到的图像效果如图5-43所示。

图5-42

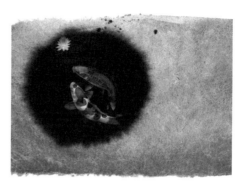

图5-43

27 显示"锦鲤副本"图层，选择图层蒙版缩览图，用【画笔工具】 🖉 对图层局部进行涂抹，效果如图5-44所示。

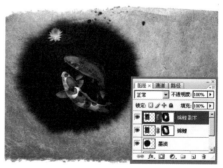

图5-44

步骤3 制作标志

1 按【Ctrl+N】快捷键执行【新建】命令，在弹出的对话框中进行参数设置，得到一个新文件命名为"石"，如图5-45所示。

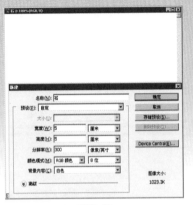

图5-45

② 选择工具箱中的【钢笔工具】 ◊ ，在画面中绘制出一个石头的外轮廓，如图5-46所示。

图5-46

③ 按【Ctrl+Enter】快捷键将路径转换为选区。单击【图层】面板底部的【创建新图层】按钮 ，新建"图层1"，如图5-47所示。

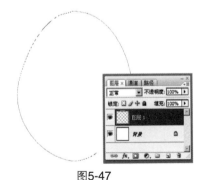

图5-47

④ 将前景色设置为灰色（R:110 G:109 B:107），按【Alt+Delete】快捷键为选区填充前景色，如图5-48所示。

图5-48

⑤ 执行菜单【滤镜】→【杂色】→【添加杂色】命令，在弹出的对话框中进行参数设置，单击【确定】按钮，如图5-49所示。

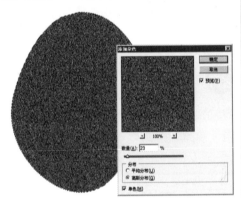

图5-49

⑥ 执行菜单【滤镜】→【渲染】→【光照效果】命令，在弹出的对话框中进行参数设置，如图5-50所示。

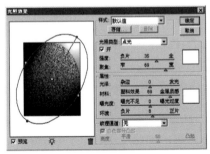

图5-50

7 设置完成后单击【确定】按钮，并按【Ctrl+D】快捷键取消选区，如图5-51所示。

图5-51

8 按【Ctrl+L】快捷键执行【色阶】命令，在弹出对话框中进行参数设置。单击【确定】按钮，得到的图像效果如图5-52所示。

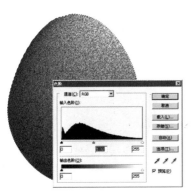

图5-52

9 按【Ctrl+U】快捷键执行【色相/饱和度】命令，在弹出的对话框中进行参数设置，如图5-53所示。

图5-53

10 单击【确定】按钮，得到的图像效果如图5-54所示。

图5-54

11 在【图层】面板中双击"图层1"的图层缩略图，在弹出的【图层样式】对话框中进行参数设置，如图5-55所示。

图5-55

12 设置完成后单击【确定】按钮，图像添加了内阴影效果，图像效果与【图层】面板如图5-56所示。

图5-56

13 再次执行菜单【滤镜】→【渲染】→【光照效果】命令，在弹出的对话框中进行参数设置，如图5-57所示。

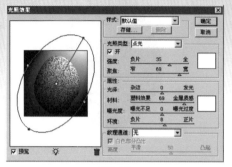

图5-57

14 设置完成后单击【确定】按钮，得到的图像效果如图5-58所示。

图5-58

15 按【Ctrl+Alt+D】快捷键执行【羽化】命令，在弹出的对话框中进行参数设置，如图5-59所示。

图5-59

16 单击【图层】面板底部的【创建新图层】按钮，新建"图层2"，并将其填充为黑色，按【Ctrl+D】快捷键取消选区，如图5-60所示。

图5-60

17 选择工具箱中的【渐变工具】，在工具选项栏中进行参数设置，如图5-61所示。在画面上从右上角向左下角拖曳出一个渐变的蒙版效果，如图5-62所示。

图5-61

图5-62

18 在【图层】面板中将"图层2"的图层混合模式设置为【柔光】，如图5-63所示。

图5-63

19 选择工具箱中的【画笔工具】 ✏️，在选项栏中设置其属性，如图5-64所示。在石头图形下部进行涂抹，如图5-65所示。

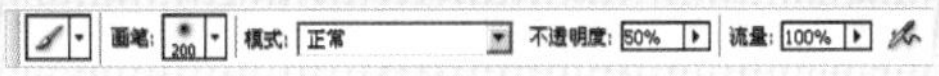

图5-64

图5-65

20 在【图层】面板中选择"图层1"，如图5-66所示。

图5-66

21 按【Ctrl+M】快捷键执行【曲线】命令，在弹出的对话框中进行参数设置，如图5-67所示。

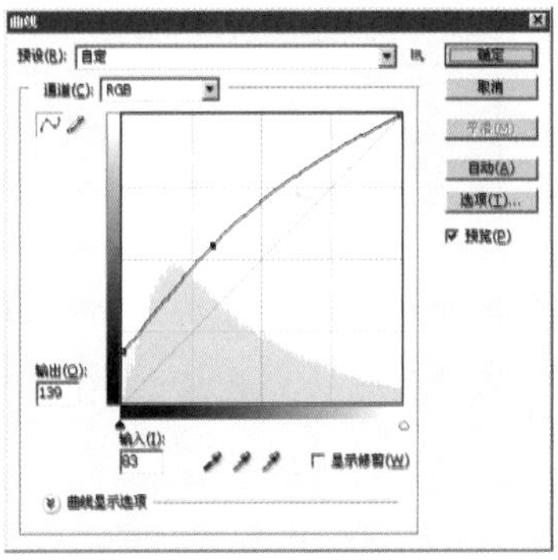

图5-67

22 设置完成后单击【确定】按钮，得到的图像效果如图5-68所示。

图5-68

23 打开光盘中的图片文件"Chap 05/守.jpg"，如图5-69所示。

24 选择工具箱中的【魔棒】 ✨，在白色背景上单击，按【Ctrl+Shift+I】快捷键执行【反向】命令，将文字载入选区，如图5-70所示。

图5-69   图5-70

25 选择工具箱中的【移动工具】 ▶＋，将"守"字拖曳到"石"文档中，将图层重命名为"守"，并将其调整到合适的位置，如图5-71所示。

图5-71

26 在【图层】面板中双击"守"图层，在弹出的【图层样式】对话框中进行参数设置，如图5-72所示。

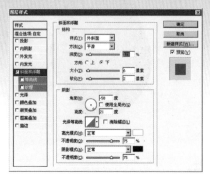

图5-72

27 单击【确定】按钮，为"守"字添加斜面和浮雕效果，得到的图像效果与【图层】面板如图5-73所示。

图5-73

28 在【图层】面板中将"守"图层的图层混合模式设置为【深色】，并将【不透明度】设置为"90%"，如图5-74所示。

图5-74

29 打开光盘中的图片文件"Chap 05/望.jpg"，如图5-75所示，并按照刚才的方法将文字载入选区。

30 选择工具箱中的【移动工具】，将"望"字拖曳到"石"文档中，如图5-76所示。

图5-75   图5-76

31 在【图层】面板中选择"守"图层，单击鼠标右键，在弹出的菜单中选择【拷贝图层样式】命令，如图5-77所示。

图5-77

32 在【图层】面板中选择"望"图层，单击鼠标右键，在弹出的菜单中选择【粘贴图层样式】命令，如图5-78所示。图像效果与【图层】面板如图5-79所示。

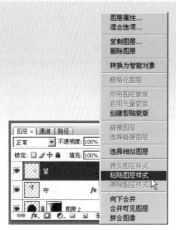

图5-78

图5-81

图5-79

③⑤ 打开光盘中的图片文件"Chap
05/畔.jpg",如图5-82所示,按
照上面的方法将文字载入选区并将其拖
曳到"石"文档中。

图5-82

③③ 打开光盘中的图片文件"Chap
05/湖.jpg",如图5-80所示,按
照刚才的方法将文字载入选区并将其拖
曳到"石"文档中。

图5-80

③④ 将"湖"字按照刚才的步骤添加斜
面和浮雕效果,如图5-81所示。

③⑥ 在【图层】面板中双击"畔"的
图层缩略图,在弹出的【图层样
式】对话框中进行参数设置,如图5-83
所示。

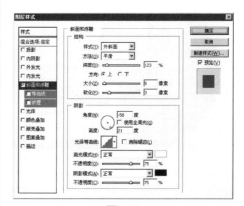

图5-83

37 设置完成后单击【确定】按钮，得到的图像效果与【图层】面板如图5-84所示。

图5-84

38 选择工具箱中的【横排文字工具】**T**，在画面中输入文字，并在【字符】面板中进行参数设置，如图5-85所示。此时【图层】面板中会自动生成一个文字图层，如图5-86所示。

图5-85

图5-86

39 在【图层】面板中双击"Keeps watch the lakeside"图层，然后

在弹出的【图层样式】对话框中进行参数设置，如图5-87所示。

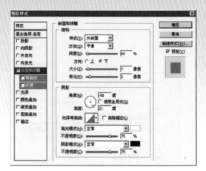

图5-87

40 设置完成后单击【确定】按钮，得到的图像效果与【图层】面板如图5-88所示。

图5-88

41 按住【Ctrl】键，同时选择除"背景"图层以外的所有图层，如图5-89所示，按【Ctrl+E】快捷键合并所选图层，如图5-90所示。

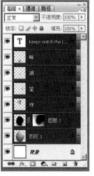

图5-89

图5-90

42 将石头图层合并后，用【移动工具】将其拖曳到"守望湖畔"文档中，并将图层重命名为"石"，如图5-91所示。

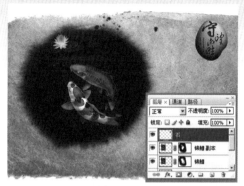

图5-91

43 按【Ctrl+U】快捷键执行【色相/饱和度】命令，在对话框中进行参数设置，如图5-92所示。

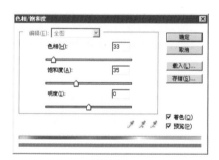

图5-92

44 单击【确定】按钮，得到图像效果如图5-93所示。

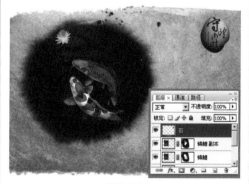

图5-93

45 在【图层】面板中双击"石"图层，在弹出的【图层样式】对话框中进行参数设置，如图5-94所示。

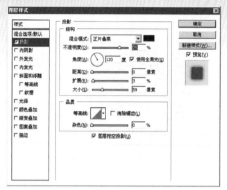

图5-94

46 单击【确定】按钮，得到的图像效果与【图层】面板如图5-95所示。

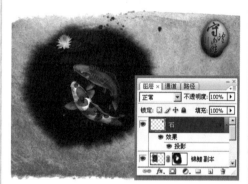

图5-95

47 打开光盘中的图片文件"Chap 05/金鱼.jpg"，如图5-96所示。

图5-96

48 选择工具箱中的【移动工具】，将金鱼拖曳到"守望湖畔"文档中，并调整其大小和位置，将图层重命名为"金鱼"，如图5-97所示。

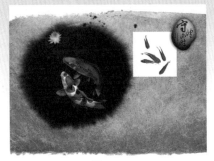

图5-97

49 将"金鱼"图层的图层混合模式设置为【深色】，如图5-98所示。

图5-98

50 至此画面的图像就完成了，接下来，将房产的相关信息输入，如图5-99所示。

图5-99

51 在画面中间输入相关的开盘信息，如图5-100所示。

图5-100

52 在画面下方输入房产商的信息，如图5-101所示。

图5-101

53 打开光盘中的图片文件"Chap 05/本案地址.jpg"，如图5-102所示。

图5-102

54 选择工具箱中的【移动工具】，将"本案地址"图片拖曳到"守望湖畔"文档中并调整位置。至此单页的正面就完成了，如图5-103所示。

图5-103

步骤4 制作反面

1 按【Ctrl+N】快捷键执行【新建】命令,在弹出的对话框中进行参数设置,得到一个新文件命名为"守望湖畔(反面)"文件,如图5-104所示。

图5-104

2 按照制作正面的方法,将相关图形复制到此文档中,制作反面图像的效果,如图5-105所示。

图5-105

3 打开光盘中的图片文件"Chap 05/平面图.jpg",如图5-106所示。

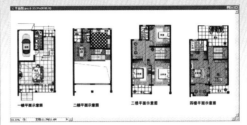

图5-106

4 选择工具箱中的【移动工具】 ,将平面图拖曳到"守望湖畔(反面)"文档中,并将图层重命名为"平面图",如图5-107所示。

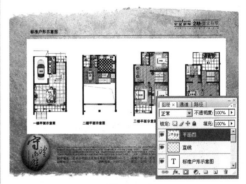

图5-107

5 在【图层】面板中将"平面图"的图层混合模式设置为【正片叠底】,至此反面效果也完成了,如图5-108所示。

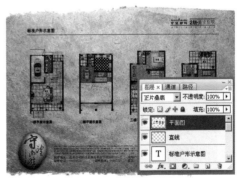

图5-108

步骤5 制作效果图

1 按【Ctrl+N】快捷键执行【新建】命令，在弹出的对话框中进行参数设置，得到一个新文件命名为"守望湖畔单页效果图"文件，如图5-109所示。

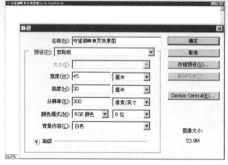

图5-109

2 保持前景色为黑色，按【Ctrl+Delete】快捷键，将文件填充为黑色，并按【Ctrl+A】快捷键全选画面，如图5-110所示。

图5-110

3 按【Ctrl+Alt+D】快捷键执行【羽化】命令，在弹出的对话框中进行参数设置，单击【确定】按钮，如图5-111所示。

图5-111

4 将前景色设置为褐色（R:60 G:36 B:5），将选区填充为前景色，按【Ctrl+D】快捷键取消选区，如图5-112所示。

图5-112

5 打开光盘中的图片文件"Chap 05/石头背景.jpg"，如图5-113所示。

图5-113

6 选择工具箱中的【移动工具】，将"石头背景"图拖曳到"守望湖畔效果图"文档中，并将图层重命名为"石头"，如图5-114所示。

图5-114

7 按【Ctrl+U】快捷键执行【色相/饱和度】命令，在弹出的对话框中进行参数设置。单击【确定】按钮，效果如图5-115所示。

图5-115

8 选择工具箱中的【画笔工具】 ✐，在工具选项栏中设置其属性，如图5-116所示。在石头中间的部分进行涂抹，如图5-117所示。

图5-116

图5-117

9 在"守望湖畔"文档中复制1个带有楼盘名称的石头，将图层重命名为"石"，调整其位置与角度，如图5-118所示。

图5-118

10 在"守望湖畔"文档中复制1个单页正面，将图层名称重命名为"正面"，并调整其位置与角度，制作出透视效果，如图5-119所示。

图5-119

11 在【图层】面板中双击"正面"图层，在弹出的【图层样式】对话框中进行参数设置，如图5-120所示。

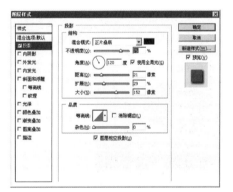

图5-120

12 单击【确定】按钮，图像添加了投影，图像效果与【图层】面板如图5-121所示。

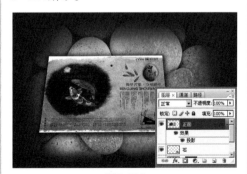

图5-121

13 在"守望湖畔"文档中复制1个单页反面，制作出透视效果，并添加图层样式，如图5-122所示。

图5-122

14 在"守望湖畔"文档中将相关元素复制到此文档中，如图5-123所示。

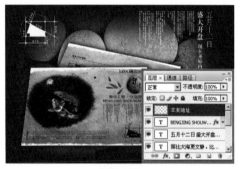

图5-123

15 在【图层】面板中选择"石"图层，将其图层混合模式设置为【正片叠底】，如图5-124所示。

图5-124

16 至此，单页的最终效果就完成了，如图5-125所示。

图5-125

5.3 技艺拓展——学习极坐标与风滤镜 ❯ ❯ ❯

【极坐标】滤镜属于【扭曲】滤镜的一种，通过该滤镜可以创建出扭曲效果。【风】滤镜属于【风格化】滤镜的一种，通过该滤镜可以为图像添加风刮过的效果。

5.3.1 极坐标与风对话框

【极坐标】滤镜可以将图像创建成圆柱变体，当观看圆柱变体中扭曲的图像时，图像是正常的。根据选中的选项将选区从直角坐标（或称为平面坐标）转换到极坐标，反之亦然。执行菜单【滤镜】→【扭曲】→【极坐标】命令，如图5-126所示。

【风】滤镜用于在图像中创建细小的水平线，以模拟风吹的效果。该滤镜只在水平方向起作用，若需要得到其他方向的风吹效果，只需将图像旋转后再应用此滤镜。执行菜单【滤镜】→【风格化】→【风】命令，如图5-127所示。

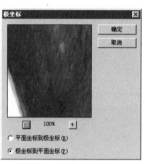

图5-126

图5-127

5.3.2 滤镜应用

1 按【Ctrl+N】快捷键执行【新建】命令，在弹出的对话框中进行参数设置，得到一个新文件，如图5-128所示。

图5-128

2 填充背景色为黑色，并输入文字，如图5-129所示。

3 隐藏文字图层，选择"背景"图层，按住【Ctrl】键单击文字图层的缩略图，将文字载入选区，如图5-130所示。

图5-129

图5-130

4 执行菜单【编辑】→【描边】命令，在弹出的对话框中进行参数设置，如图5-131所示。设置完成后单击【确定】按钮。

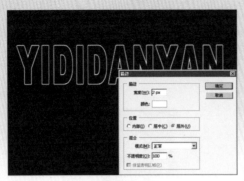

图5-131

5 执行菜单【滤镜】→【扭曲】→【极坐标】命令，在弹出的对话框中进行参数设置，如图5-132所示。设置完成后单击【确定】按钮。

图5-132

6 执行菜单【滤镜】→【风格化】→【风】命令，在弹出的对话框中进行参数设置，如图5-133所示。设置完成后单击【确定】按钮。

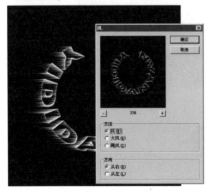

图5-133

7 执行菜单【滤镜】→【扭曲】→【极坐标】命令，在弹出的对话框中进行参数设置，如图5-134所示。设置完成后单击【确定】按钮。

图5-134

8 执行菜单【图像】→【调整】→【色彩平衡】命令，在弹出的对话框中进行参数设置，如图5-135所示。最终效果如图5-136所示。

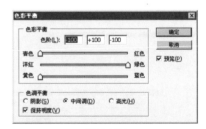

图5-135

图5-136

文件位置

原始：Chap 06/底图1.jpg
　　　Chap 06/咖啡杯.jpg
　　　......

效果：Chap 06/情意咖啡P1-2.psd
　　　Chap 06/情意咖啡P3-4.psd
　　　......

Chapter 06
情意咖啡 (宣传手册)

制作要点：

▲　本实例整体风格古朴稳重，低饱和度的色彩在无形中飘逸出淡淡的咖啡香，恰到好处地迎合了消费人群的心理感受，使人在品味咖啡历史和研磨工艺的同时也充分表现出了企业文化浑厚的底蕴。本例使用 Photoshop中的多种功能，将图片、照片及其他素材进行巧妙的处理，制作出极具浪漫色彩的宣传手册。

实例步骤示意图

6.1 宣传手册知识解析 ＞ ＞ ＞

宣传手册设计包括公司简介设计，产品手册设计，Catalogue设计，企业宣传册设计，企业形象画册设计制作等。企业画册设计一般分为两种：一种是以企业形象为主线，另一种是以产品为主线，两者诉求的重点不同。企业画册是一个公司的"门面"，是企业推广的关键一环。画册设计的重心在于摒弃华而不实的设计，把企业诉求、产品诉求充分展示给受众。

6.1.1 客户对象

目前，消费类产品是商品市场上的主导产品，它与人民的生活息息相关。生产者在开发这类产品时，都把提高生活质量、创造美的享受作为目标。面对激烈的市场竞争，企业必须加大广告宣传的力度和深度，以优秀的广告创意来吸引消费者。如"一号公馆"房产案例（图6-1和图6-2）。

对于企业和产品的宣传册来说，同样也要求推陈出新，制作精良。对于设计师来说，也就提出了更高的设计标准。针对同一企业和同一系列产品的宣传册设计，在确立了企业和市场之间的关系后，一般可以用3种方法进行创意定位。

第1种是着重产品形象的塑造。此类方法以强调产品的独特功能或优美造型为突破口，配合文字说明和版面的设计，从而塑造出赏心悦目的产品形象。

第2种是塑造品牌兼顾产品。从产品的开发到树立品牌形象，然后借助品牌形象突出一系列产品来巩固品牌，覆盖市场。这是企业营销行为的长期策略，目的是将受众对产品的认可转移到对品牌的信赖。

第3种是趣味夸张的表现方法。当产品和品牌在市场上达到一定的占有率之后，企业着重考虑的是巩固形象，提高产品的情感附加值。

图6-1   图6-2

6.1.2 设计宗旨

　　一些企业在做宣传册与折页时，并不了解应如何去做，只是按照市场上流行的画册，盲目地进行模仿、照搬，草草了事。这样不但不能塑造起良好的企业形象，反而会带来负面影响。

　　宣传册设计首先应该根据企业自身的特点确定宣传册的结构、目录、风格、开本等；其次根据以上结果来确定宣传册的风格、表现形式、图片、版面布置、色调等重要内容。有的企业为了节约成本，将宣传册的开本或页数减少、以节约用纸，又或者对工艺压缩，这种做法虽然节约成本，但都会使宣传册版面拥挤没有档次、单薄等，企业的品牌地位也会因此而大打折扣。实例如图6-3和图6-4所示。

图6-3

图6-4

6.1.3 色彩运用

　　成年人的生活经验和文化积累要比年轻人丰富，他们更偏爱一些稳重、不张扬（明度、纯度和饱和度较低）的色彩。

　　咖啡色在视觉上代表宽厚、沉稳，在广告设计上可以作为主色系表达主题诉求，但是一定要和鲜亮明快的补色搭配才有好的效果，如可口可乐饮料是咖啡色系，背景就要用鲜红色做背衬。如果整个设计是咖啡色调则代表怀旧、古朴、传统和凝重，给人一种沧桑厚重的时代回望感。咖啡色一般用作老字号商标的代表色。

　　浅棕偏土黄色，可营造出复古的氛围，这符合成年人怀旧的心理，同时表现咖啡的悠久历史。这种色彩也是中国画传统的墨色，或浓或淡，整体给人古香古色的心理感受。

　　本例采用的颜色及色值如图6-5所示。

主色调　　　　　　辅色调　　　　　　　点睛色　　　　　　　背景色
C:18 M:44 Y:67 K:0　　C:9 M:12 Y:67 K:0　　C:15 M:42 Y:83 K:0　　C:65 M:82 Y:100 K:56
　　　　　　　　　　C:27 M:72 Y:100 K:0　　C:46 M:67 Y:100 K:7

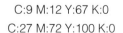

图6-5

Tips – 提示·技巧

1. 橙色＋邻近色黄、红暖色调：这是一种简单又安全的设计，视觉韵律上处理得井然有序。
2. 橙色＋蓝色：对比色能相互强烈地突出色彩的特性。这组对比色属于非常能突显个性的颜色。
3. 橙色＋绿色：这类颜色的组合随着不同色阶明度的变暗，能制造出另外一种古典的环境氛围，有如娓娓道来的故事场景，也是一种不错的主题配色方法。

6.2 宣传手册技术解析 > > >

制作要点： "情意咖啡"实例主要使用魔棒工具、外发光命令、色相/饱和度命令、阴影等功能来制作。

制作尺寸： 本实例采用的尺寸为32cm×16cm，考虑到印刷品的裁切环节，所以在制作时一定要比实际尺寸每边多出0.3cm，制作尺寸为32.6cm×16.6cm。

6.2.1 选择素材

白天享受咖啡馆的温文尔雅，悠闲自得。

夜晚体味酒吧的自我随意，无拘无束。

日本从巴西、秘鲁、哥伦比亚等国家引进的上等咖啡原料，特色加工的咖啡，风味独特。

集中西餐、日本料理于一家，菜式别具一格。

各种洋酒品种齐全，优秀调酒师，乐器演奏。

为您营造完美的时尚娱乐空间，特色餐饮，温馨环境，周到服务，带给都市人酣畅淋漓的消闲体验。走进日本梦咖啡，带您进入梦的世界！

根据这些叙述，在为本例选择素材时，一定要根据设计思路与整体设计方向来确定素材。在这里选择了咖啡杯、咖啡研磨、非洲装饰品等素材，如图6-6至图6-8所示。

图6-6

图6-7

图6-8

6.2.2 操作步骤

步骤1 制作封面

1 按【Ctrl+N】快捷键执行【新建】命令，在弹出的对话框中进行参数设置，得到一个新文件命名为"情意咖啡"，如图6-9所示。

图6-9

2 按【Ctrl+R】快捷键显示标尺，并从标尺内拖曳出4条出血线，放置在四边程控边缘3mm处，如图6-10所示。

图6-10

3 选择工具箱中的【渐变工具】 ，在【渐变编辑器】中将渐变颜色设置为黄色（R:213 G:168 B:39）和褐色（R:123 G:72 B:28），其他参数设置如图6-11所示。

Tips – 提示·技巧

在【渐变工具】选项栏中选择【径向渐变】按钮后，在画面中进行拖曳时，只有从画面中心向外拖曳才能得到一个均匀的中间亮、边缘暗的渐变效果。

图6-11

4 在画面中从中心向右边进行拖曳，得到一个渐变的效果，如图6-12所示。

图6-12

5 打开光盘中的图片文件"Chap 06/底图1.jpg"，如图6-13所示。

图6-13

6 选择工具箱中的【魔棒工具】 ，在白色背景上单击，按【Ctrl+Shift+I】快捷键执行【反向】命令反选选区，如图6-14所示。

图6-14

7 选择工具箱中的【移动工具】，
将"底图1"拖曳到"情意咖啡"
文档中，将其图层名称重命名为"底图
1"，在画面的正中间添加一条辅助线，
如图6-15所示。

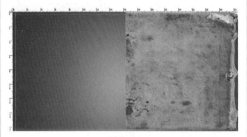

图6-15

8 在【图层】面板中将"图层1"的混
合模式设置为【明度】，【不透明
度】设置为"41%"，如图6-16所示。

图6-16

9 打开光盘中的图片文件"Chap 06/
咖啡杯.jpg"，如图6-17所示。

图6-17

10 选择工具箱中的【钢笔工具】，
在画面中勾勒出咖啡杯的外轮廓，
如图6-18所示。

图6-18

11 按【Ctrl+Enter】快捷键将路径转
换为选区，如图6-19所示。

图6-19

12 选择工具箱中的【移动工具】，
将选区图形拖曳到"情意咖啡"文
档中，调整其位置并将图层名称重命名为
"咖啡杯"，如图6-20所示。

图6-20

13 按【Ctrl+T】快捷键调出自由变换框，调整控制点将咖啡杯的形状压扁一些，如图6-21所示。

图6-21

14 在【图层】面板中双击"咖啡杯"图层，在弹出的【图层样式】对话框中进行参数设置，如图6-22所示。

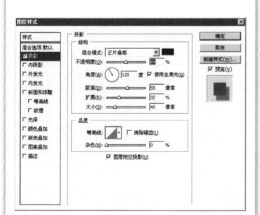

图6-22

15 设置完成后单击【确定】按钮，得到的图像效果与【图层】面板如图6-23所示。

图6-23

16 打开光盘中的图片文件"Chap 06/底图2.jpg"，如图6-24所示。

图6-24

17 选择工具箱中的【移动工具】，将"底图2"拖曳到"情意咖啡"文档中，并将其图层名称重命名为"底图2"，如图6-25所示。

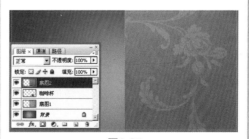

图6-25

18 在【图层】面板中将"底图2"图层的混合模式设置为【叠加】，效果如图6-26所示。

图6-26

19 选择工具箱中的【竖排文字工具】 T，在画面中输入文字，并在【字符】面板中进行参数设置，如图6-27所示，图像效果如图6-28所示。

图6-27

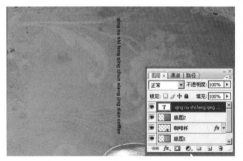

图6-28

20 在【图层】面板中双击新输入的文字图层，在弹出的【图层样式】对话框中进行参数设置，如图6-29所示。

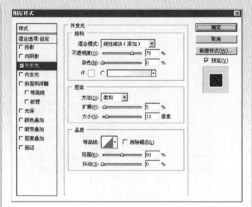

图6-29

21 设置完成后单击【确定】按钮，文字添加了外发光效果。图像效果与【图层】面板如图6-30所示。

图6-30

22 输入其他相关的文字，并添加相同的外发光效果，如图6-31所示。

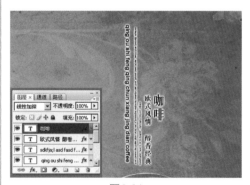

图6-31

23 打开光盘中的图片文件"Chap 06/情.jpg"，如图6-32所示。

图6-32

24 选择工具箱中的【魔棒工具】✎，在工具选项栏中进行参数设置，如图6-33所示。

图6-33

25 在黑色文字上单击，将黑色的文字载入选区内，如图6-34所示。

图6-34

Tips – 提示・技巧

在【魔棒工具】选项栏中选择【连续】复选框后，只能选择相连的像素，【容差】用于设置选择像素的相似程度。

26 选择工具箱中的【移动工具】▶┿，将"情"字选区拖曳到"情意咖啡"文档中，调整位置并将图层名称重命名为"情"，如图6-35所示。

27 在【图层】面板中双击"情"图层，在弹出的【图层样式】对话框中进行参数设置，为文字添加外发光效果，如图6-36所示。

图6-35

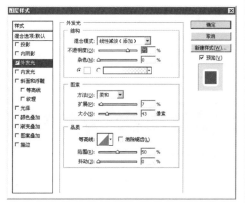

图6-36

28 单击【确定】按钮，得到的图像效果与【图层】面板如图6-37所示。

图6-37

29 打开光盘中的图片文件"Chap 06/意.jpg"，如图6-38所示。

图6-38

30 重复刚才的方法，将"意"字选取并拖曳到"情意咖啡"文档中，为"意"字也添加相同的图层样式，如图6-39所示。

图6-39

31 打开光盘中的图片文件"Chap 06/标志.jpg"，如图6-40所示。

图6-40

32 选择工具箱中的【魔棒工具】，在标志上单击以选择标志，并将其

拖曳到"情意咖啡"文档中，将其图层名称重命名为"标志"，如图6-41所示。

图6-41

33 在【图层】面板中双击"标志"图层，在弹出的【图层样式】对话框中进行参数设置，为标志添加外发光效果，如图6-42所示。

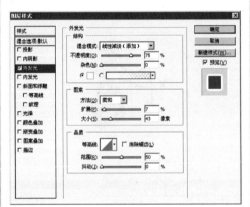

图6-42

34 单击【确定】按钮，得到的图像效果与【图层】面板如图6-43所示。

图6-43

35 打开光盘中的图片文件"Chap 06/花纹.jpg",如图6-44所示。

图6-44

36 选择工具箱中的【魔棒工具】，在白色花纹上单击以选取花纹,用【选择工具】将其拖曳到"情意咖啡"文档中,并将图层重命名为"花纹",如图6-45所示。

图6-45

37 在【图层】面板中将"花纹"图层的混合模式设置为【柔光】,如图6-46所示。

图6-46

38 按住【Ctrl】键同时在【图层】面板中选择相关的图层,单击面板右上角的向下三角按钮，在弹出的菜单中选择【从图层新建组】命令,如图6-47所示。

图6-47

39 在弹出的对话框中进行参数设置,如图6-48所示,单击【确定】按钮,如图6-49所示。至此,手册的封面就制作完成了。

图6-48

图6-49

步骤2　制作封底

1 选择"封面"文件组中的"底图1"图层,按【Ctrl+J】快捷键复制图层,得到"底图1副本",将其水平翻转放置在画面的左边,并拖曳到图层最上面,如图6-50所示。

图6-50

② 打开光盘中的图片文件"Chap 06/
底图3.jpg",如图6-51所示。

图6-51

③ 选择工具箱中的【移动工具】▶+,
将"底图3"拖曳到"情意咖啡"
文档中,并将其图层名称重命名为"底图
3",如图6-52所示。

图6-52

④ 在【图层】面板中将"底图3"
图层的混合模式设置为【线性加
深】,如图6-53所示。

图6-53

⑤ 在封底输入相关的文字,添加外发
光效果,将封面相关的文字复制一
份并移动到封底位置,如图6-54所示。

图6-54

⑥ 打开光盘中的图片文件"Chap 06/
花纹2.jpg",如图6-55所示。

图6-55

⑦ 选择工具箱中的【魔棒工具】✦,
选择花纹,并将其拖曳到"情意
咖啡"文档中,将图层重命名为"花纹
2",如图6-56所示。

图6-56

8 在【图层】面板中双击"花纹2"图层，在弹出的【图层样式】对话框中进行参数设置，如图6-57所示。

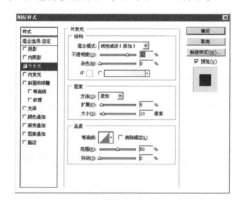

图6-57

9 设置完成后单击【确定】按钮，得到的图像效果与【图层】面板如图6-58所示。

图6-58

10 按【Ctrl+J】快捷键复制图层，得到"花纹2副本"图层，将其水平翻转放置到文字左边，如图6-59所示。

图6-59

11 按住【Ctrl】键在【图层】面板中选择相关的图层，单击面板右上角的向下三角按钮▾≡，在弹出的菜单中选择【从图层新建组】命令，如图6-60所示。

图6-60

12 在弹出的对话框中进行参数设置，如图6-61所示。单击【确定】按钮，如图6-62所示。至此，手册的封底就制作完成了。

图6-61

图6-62

13 宣传手册的封面和封底完成后的最终效果如图6-63所示。

图6-63

步骤3 制作第1页和第2页

1 下面开始制作内文。按【Ctrl+N】快捷键执行【新建】命令，在弹出的对话框中进行参数设置，得到一个新文件命名为"情意咖啡P1-2"，如图6-64所示。

图6-64

2 打开光盘中的图片文件"Chap 06/底图4.jpg"，如图6-65所示。

图6-65

3 选择工具箱中的【魔棒工具】，在白色背景上单击鼠标，按【Ctrl+Shift+I】快捷键执行【反向】命令，将底

图图形载入选区。用【移动工具】将"底图"拖曳到"情意咖啡P1-2"文档中，将图层名称重命名为"底图4"，如图6-66所示。

图6-66

4 在【图层】面板中将"底图4"图层的混合模式设置为【柔光】，如图6-67所示。

图6-67

5 打开光盘中的图片文件"Chap 06/照片01.jpg"，如图6-68所示。

图6-68

6 选择工具箱中的【移动工具】，将"照片01"拖曳到"情意咖啡P1-2"文档中，并将图层名称重命名为"照片1"，如图6-69所示。

图6-69

⑦ 按【Ctrl+T】快捷键调出自由变换框，按住【Ctrl】键单独调整控制点位置，制作出透视的效果，如图6-70所示，按【Enter】键确认操作。

图6-70

⑧ 按【Ctrl+U】快捷键执行【色相/饱和度】命令，在弹出的对话框中进行参数设置，如图6-71所示。

图6-71

⑨ 单击【确定】按钮，得到的图像效果如图6-72所示。

⑩ 在【图层】面板中双击"照片1"图层，在弹出的【图层样式】对话框中进行参数设置，如图6-73所示。

图6-72

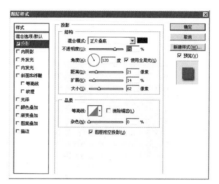

图6-73

⑪ 在【图层样式】对话框中的左栏中选择【描边】选项，然后在对话框中进行参数设置，设置【颜色】为淡黄色（R:249 G:232 B:171），如图6-74所示。

图6-74

⑫ 单击【确定】按钮，得到的图像效果与【图层】面板如图6-75所示。

图6-75

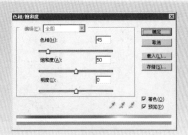

图6-78

⑬ 打开光盘中的图片文件"Chap 06/
照片02.jpg",如图6-76所示。

图6-76

⑭ 将"照片02"拖曳到"情意咖啡
P1-2"文档中,将图层名称重命
名为"照片2",并调整其透视效果,如
图6-77所示。

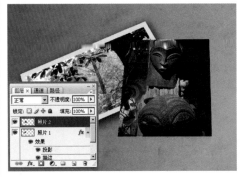

图6-77

⑮ 按【Ctrl+Alt+U】快捷键重复执行
【色相/饱和度】命令,如图6-78
所示。

Tips – 提示·技巧

　　按【Ctrl+U】快捷键可以执行【色相/饱
和度】命令,如果按【Ctrl+Alt+U】快捷键可
以迅速自动执行与上次设置相同的命令。

⑯ 单击【确定】按钮,得到的图像效
果如图6-79所示。

图6-79

⑰ 按【Ctrl+M】快捷键执行【曲
线】命令,在弹出的对话框中进行
参数设置,如图6-80所示。

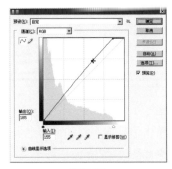

图6-80

⑱ 设置完成后单击【确定】按钮,得
到的图像效果如图6-81所示。

图6-81

19 在【图层】面板中选择"照片1"图层,单击鼠标右键,在弹出的菜单中选择【拷贝图层样式】命令,如图6-82所示。

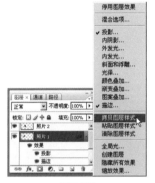

图6-82

20 在【图层】面板中选择"照片2"图层,单击鼠标右键,在弹出的菜单中选择【粘贴图层样式】命令,如图6-83所示。

图6-83

21 拷贝后得到的图像效果与【图层】面板如图6-84所示。

图6-84

22 切换到"情意咖啡"文档中,选择"咖啡杯"图层,并将其复制到"情意咖啡 P1-2"文档中,如图6-85所示。

图6-85

23 打开光盘中的图片文件"Chap 06/底图5.jpg",如图6-86所示。

图6-86

24 将"底图5"拖曳到"情意咖啡P1-2"文档中,并将图层重命名为"底图5",如图6-87所示。

图6-87

25 在【图层】面板中将"底图5"图层的混合模式设置为【叠加】,如图6-88所示。

图6-88

26 选择【横排文字工具】T.,在画面的左上方输入相关的文字,如图6-89所示。

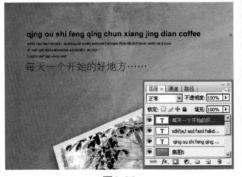

图6-89

27 切换到"情意咖啡"文档中,选择与主题相关的标志图层,并将其拷贝到"情意咖啡 P1-2"文档中,如图6-90所示。

图6-90

28 最后在画面的右半部分添加说明性文字,并根据需要为标题添加外发光效果,如图6-91所示。

图6-91

29 宣传手册的第1页与第2页就完成了,最终效果如图6-92所示。

图6-92

步骤4　制作第3页和第4页

1 下面开始制作第3页和第4页。按【Ctrl+N】快捷键执行【新建】命令，在弹出的对话框中进行参数设置，得到一个新文件命名为"情意咖啡P3-4"，如图6-93所示。

图6-93

2 按照制作第1页和第2页的步骤，制作好底图，如图6-94所示。

图6-94

3 切换到"情意咖啡"文档中，选择"花纹"图层，将其拖曳到"情意咖啡 P3-4"文档中，如图6-95所示。

图6-95

4 将花纹水平翻转，并放置在画面的右边，如图6-96所示。

图6-96

5 打开光盘中的图片文件"Chap 06/咖啡杯2.jpg"，如图6-97所示。

图6-97

6 选择工具箱中的【移动工具】，将"咖啡杯2"拖曳到"情意咖啡P3-4"文档中，并将图层名称重命名"咖啡杯2"，如图6-98所示。

图6-98

7 按【Ctrl+T】快捷键调出自由变换框，按住【Ctrl】键单独调整控制点的位置，制作出透视的效果，如图6-99所示。

图6-99

8 选择工具箱中的【画笔工具】 ✎，单击【图层】面板底部的【添加图层蒙版】按钮 ◙，在画面中多余的部分进行涂抹，如图6-100所示。

图6-100

9 在之前制作的文档中将"标志"图层复制到"情意咖啡P3-4"文档中，如图6-101所示。

图6-101

10 在画面中输入相关的文字，并为大标题添加外发光效果，如图6-102所示。

图6-102

11 在画面的右下部分输入相关的文字，如图6-103所示。

图6-103

12 宣传手册的第3页和第4页就制作完成了，最终效果如图6-104所示。

图6-104

步骤5 制作第5页和第6页

1 下面开始制作第5页和第6页。按【Ctrl+N】快捷键执行【新建】命令，在弹出的对话框中进行参数设置，单击【确定】按钮，得到一个新文件命名为"情意咖啡P5-6"，如图6-105所示。

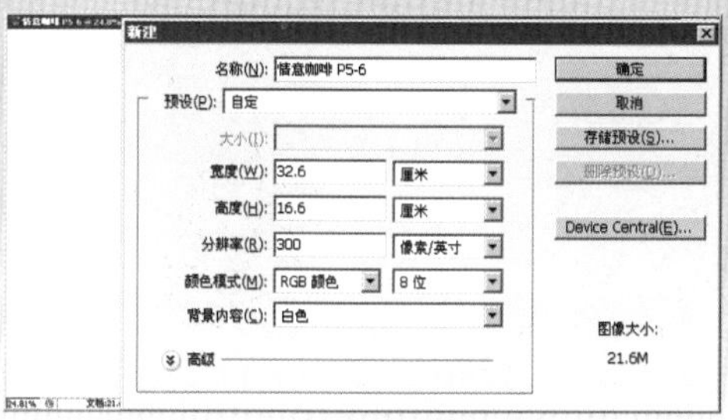

图6-105

2 按照制作第1页和第2页的步骤，制作好底图，如图6-106所示。

图6-106

3 打开光盘中的图片文件"Chap 06/照片03.jpg"，如图6-107所示。

图6-107

4 选择工具箱中的【矩形选框工具】[]，在画面中间的位置选取一个矩形，按【Ctrl+C】快捷键复制选区，如图6-108所示。

图6-108

5 按【Ctrl+V】快捷键执行【粘贴】命令，并将图层名称重命名为"照片3"，如图6-109所示。

图6-109

6 在【图层】面板中将"照片3"图层的混合模式设置为【正片叠底】，如图6-110所示。

图6-110

7 在之前制作的文档中将"标志"图层复制到"情意咖啡P5-6"文档中，如图6-111所示。

图6-111

8 在画面中输入相关的文字，并为大标题添加外发光效果，如图6-112所示。

图6-112

9 在之前的文档中将"花纹"图层复制到"情意咖啡P5-6"文档中，并调整其位置，如图6-113所示。

图6-113

10 在画面的左下部分输入相关的文字，如图6-114所示。

图6-114

11 宣传手册的第5页和第6页就完成了，最终效果如图6-115所示。

图6-115

步骤6 制作效果图

1 下面开始制作效果图。按【Ctrl+N】快捷键执行【新建】命令，在弹出的对话框中进行参数设置，单击【确定】按钮，得到一个新文件命名为"效果图"，如图6-116所示。

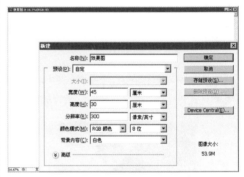

图6-116

2 执行菜单【滤镜】→【渲染】→【光照效果】命令，在弹出的对话框中进行参数设置，设置光源色为橘黄色（R:255 G:150 B:0），如图6-117所示。

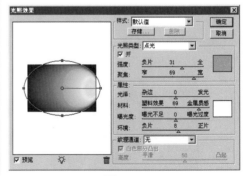

图6-117

3 单击【确定】按钮，得到的图像效果与【图层】面板如图6-118所示。

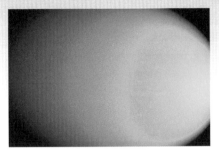

图6-118

4 打开光盘中的图片文件"Chap 06/底图5.jpg"，如图6-119所示。

图6-119

5 将"底图5.jpg"拖曳到"效果图"文档中，并将其图层混合模式设置为【叠加】，如图6-120所示。

图6-120

6 切换到"情意咖啡P5-6"文档中，选中所有图层，在【图层】面板中单击向下三角按钮，在弹出的菜单中选择【拼合图像】命令，如图6-121所示。

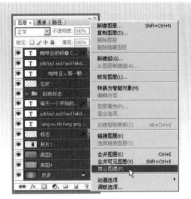

图6-121

7 在【图层】面板中将只剩下"背景"一个图层，这样方便下面的操作，如图6-122所示。

图6-122

8 利用标尺与辅助线，将画面平均分成两部分，框选右半部分，并按【Ctrl+C】快捷键进行复制，如图6-123所示。

图6-123

9 切换到"效果图"文档中，按【Ctrl+V】快捷键粘贴，如图6-124所示。

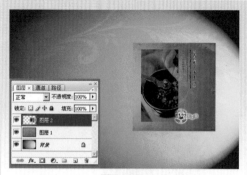

图6-124

10 按【Ctrl+T】快捷键调出自由变换框，调整图片的角度，制作出透视效果，如图6-125所示。

图6-125

11 在【图层】面板中双击"图层2"图层，然后在弹出的【图层样式】对话框中进行参数设置，如图6-126所示。

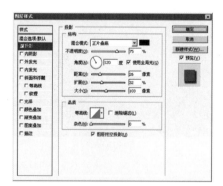

图6-126

12 单击【确定】按钮，得到的图像效果与【图层】面板如图6-127所示。

图6-127

13 切换到"情意咖啡 P1-2"文档中，框选左半部分，并按【Ctrl+C】快捷键进行复制，如图6-128所示。

图6-128

14 切换到"效果图"文档中，按【Ctrl+V】快捷键粘贴，如图6-129所示。

图6-129

15 按【Ctrl+T】快捷键调出自由变换框，调整图片的角度，制作出透视效果，如图6-130所示。

图6-130

16 在【图层】面板中选择"图层2"，单击鼠标右键，在弹出的菜单中选择【拷贝图层样式】命令，如图6-131所示。

图6-131

17 在【图层】面板中选择"图层3"图层，单击鼠标右键，在弹出的菜单中选择【粘贴图层样式】命令，如图6-132所示。

图6-132

18 拷贝后得到的图像效果与【图层】面板如图6-133所示。

图6-133

19 按【Ctrl+M】快捷键执行【曲线】命令，在弹出的对话框中进行参数设置，如图6-134所示。

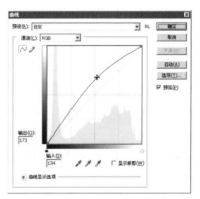

图6-134

20 单击【确定】按钮，得到的图像效果如图6-135所示。

图6-135

21 切换到"情意咖啡 P3-4"文档中，框选右半部分，并按【Ctrl+C】快捷键进行复制，如图6-136所示。

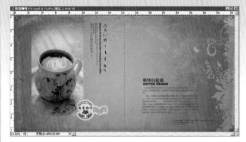

图6-136

22 切换到"效果图"文档中，按【Ctrl+V】快捷键粘贴，如图6-137所示。

图6-137

23 执行菜单【编辑】→【变换】→【变形】命令，调出自由变换框，单独调整控制点的位置，制作出透视效果，如图6-138所示。

图6-138

24 为"图层4"粘贴与"图层3"一样的图层样式，拷贝后得到的图像效果与【图层】面板如图6-139所示。

图6-139

25 切换到"情意咖啡 P1-2"文档中，框选右半部分，并按【Ctrl+C】快捷键进行复制，如图6-140所示。

图6-140

26 切换到"效果图"文档中，按【Ctrl+V】快捷键粘贴，如图6-141所示。

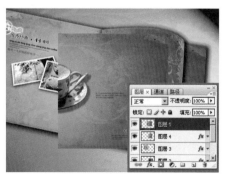

图6-141

27 调整图片的角度制作出透视效果，并为其粘贴图层样式，如图6-142所示。

图6-142

28 按住【Ctrl】键在【图层】面板中选择相关的图层，单击面板右上角的向下三角按钮，在弹出的菜单中选择【从图层新建组】命令，如图6-143所示。

图6-143

29 在弹出的对话框中进行参数设置，如图6-144所示。单击【确定】按钮，如图6-145所示。

图6-144

图6-145

30 切换到"情意咖啡"文档中，框选左半部分，并按【Ctrl+C】快捷键进行复制，如图6-146所示。

图6-146

31 切换到"效果图"文档中，按【Ctrl+V】快捷键粘贴，如图6-147所示。

图6-147

32 调整图片的角度，制作出透视效果，如图6-148所示。

图6-148

33 按【Ctrl+M】快捷键执行【曲线】命令，在弹出的对话框中进行参数设置，如图6-149所示。

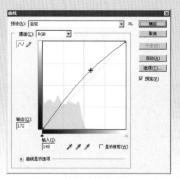

图6-149

34 单击【确定】按钮，得到图像的效果如图6-150所示。

图6-150

35 为"图层6"粘贴图层样式，拷贝后得到的图像效果与【图层】面板如图6-151所示。

图6-151

36 选择工具箱中的【加深工具】，在选项栏中进行参数设置，如图6-152所示。

图6-152

37 在封底的边缘处进行涂抹，加深封底的边缘，这样可以使封底与环境更加自然地融合在一起，如图6-153所示。

图6-153

38 切换到"情意咖啡"文档中，框选右半部分，并按【Ctrl+C】快捷键进行复制，如图6-154所示。

图6-154

39 切换到"效果图"文档中，按【Ctrl+V】快捷键粘贴，如图6-155所示。

图6-155

40 调整图片的角度，制作出透视效果，并粘贴图层样式，如图6-156所示。

图6-156

41 按【Ctrl+M】快捷键执行【曲线】命令，在弹出的对话框中进行参数设置，如图6-157所示。

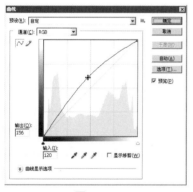

图6-157

42 单击【确定】按钮，得到图像的效果如图6-158所示。

图6-158

43 按【Ctrl+J】快捷键复制多个封面的图层，并向左移动，这样可以使手册增加厚度感，如图6-159所示。

图6-159

44 在【图层】面板中选择"组1"图层，将其向右上方移动，如图6-160所示。

图6-160

45 复制标志与手册的主题，并放置画面的右下角，如图6-161所示。

图6-161

46 情意咖啡宣传手册制作完成，最终效果如图6-162所示。

图6-162

6.3 技艺拓展——学习变形命令 ❯ ❯ ❯

【变形】命令允许用户拖动控制点以变换图像的形状或路径等，相对【自由变换】命令来讲，【变形】命令在使用上更加自由，可以将图像随心所欲地改变成为需要的透视效果。

6.3.1 变形方式

执行【编辑】→【变换】→【变形】命令，也可以在执行【自由变换】命令后，单击选项栏中的【在自由变换和变形模式之间切换】按钮 ❑，在变换框的控制点上进行拖曳以调整图像。

6.3.2 变形命令的应用

1 按【Ctrl+N】快捷键执行【新建】命令，在弹出的对话框中进行参数设置，得到一个新文件，如图6-163所示。

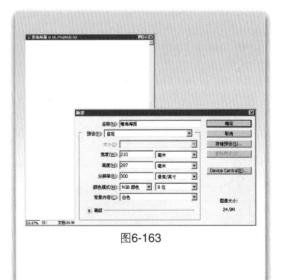

图6-163

2 选择工具箱中的【钢笔工具】 ◊ ，在画面中勾选出路径，如图6-164所示。

3 使用【钢笔工具】，在路径上单击添加并调整节点，制作出卷边的效果，如图6-165所示。

图6-164   图6-165

4 新建"图层1"，选择工具箱中的【渐变工具】，设置前景色为淡黄色（R:230 G:200 B:157），背景色为米黄色（R:250 G:230 B:195），在图形中拖曳出渐变效果，如图6-166所示。

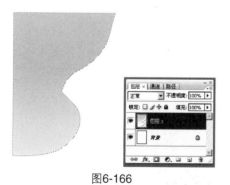

图6-166

5 新建"图层2"，使用钢笔工具绘制卷边的形状，并转换为选区，然后选择【渐变工具】填充渐变，如图6-167所示。

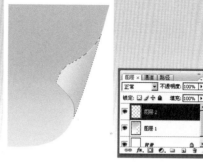

图6-167

6 新建"图层3"，使用【钢笔工具】绘制出阴影的形状，将其转换为选区，然后填充为灰色，如图6-168所示。

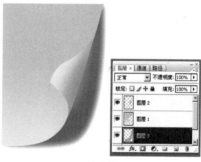

图6-168

7 新建"图层4"，按住【Ctrl】键同时单击"图层1"，获取选区，如图6-169所示。

图6-169

8 执行菜单【选择】→【修改】→【边界】命令，在弹出的对话框中进行参数设置，如图6-170所示。

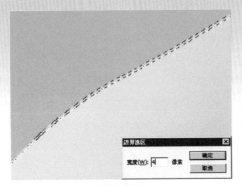

图6-170

9 设置前景色为白色，使用【画笔工具】在选区内涂抹白色，添加纸的厚度质感，如图6-171所示。

图6-171

10 打开光盘中的图片文件"Chap06/技艺拓展/海报.jpg"，将图片拖曳到当前文档中，如图6-172所示。

图6-172

11 按【Ctrl+T】快捷键调出自由变换框，调整海报图层的位置，如图6-173所示。

图6-173

12 按住【Alt】键在"海报"与"图层2"之间的位置单击鼠标，创建剪贴蒙版，如图6-174所示。

图6-174

13 创建剪贴蒙版后的【图层】面板与图像效果，如图6-175所示。

图6-175

14 执行菜单【编辑】→【变换】→【变形】命令，在调出的自由变换框上调节控制点，如图6-176所示。

图6-176

15 按【Enter】键确认当前编辑，最终效果如图6-177所示。

图6-177

第3篇
包装设计

包装设计

不同时期、不同国家，对包装设计的理解与定义有所不同。以前，很多人都认为，包装就是以物资流通为目的，是包裹、捆扎、容装物品的手段和工具。20世纪60年代以来，随着各种超市与卖场的普及和发展，使包装由原来的保护产品的安全流通为主转向扩大销售的作用，人们对包装也赋予了新的内涵和使命。

实例
Example

CD包装："Happy birthday"实例

本实例介绍了如何制作自然的肌理、手绘花纹、卡通心形符号等内容，并将这些元素应用到CD包装中，突出CD包装的主题风格。

食品包装："玉米片包装"实例

本实例主要介绍了如何制作二维标志，如何制作软包装的平面图与立体图，最后输出最终效果。

Packaging
Design

包装类案例设计

Happy birthday

技艺拓展：抽出滤镜应用

玉米片包装

技艺拓展：图层样式应用

📁 **文件位置**

原始：Chap 07/Happy-MM1.jpg
　　　Chap 07/丘比特.jpg
　　　······

效果：Chap 07/Happy birthday.psd
　　　Chap 07/歌词折页.psd
　　　······

Chapter **07**
Happy birthday (CD包装)

制作要点：

▲ 本实例全方位对CD包装设计的理论知识进行了深入的剖析，通过清爽可爱的色彩，绘制出一幅充满童真的梦幻世界。在制作过程中，对运用Photoshop制作自然的肌理、手绘花纹、卡通心形等精美的图案过程进行了全面介绍，并将相关元素有机地结合到CD包装中，将人物与环境更好地融入主题风格。

实例步骤示意图

7.1 CD包装知识解析 ❯❯❯

　　CD包装设计是为唱片销售服务的，是为十分明确的目标市场和目标消费者而进行设计的。它具有很大的制约性与规范性，是一种有目的性的审美创造活动，它最直接的目标是促成所介绍的唱片被消费者接受。唱片封面设计是现代视觉传达设计中一个独立的门类，同书籍装帧设计一样是通过图形与文字相结合的形式来表达特定内容的。与书籍装帧设计不同的是，它还要表达出与主题相吻合的感情、意境与音乐感。

7.1.1　客户对象

　　音乐是一种艺术形式，它是现代人类生活中不可或缺的部分，没有音乐的世界将是孤独可怕的世界。CD唱片作为音乐传播的一种媒介，其高水准的音质和音色让很多音乐发烧友爱不释手。就算是在MP3、MP4迅速流行的今天，CD唱片仍然以其独特的魅力吸引着广大的乐迷朋友。其中，CD光盘设计、歌词折页设计和封套的设计应该算是最重要的。

　　市场上流行的CD唱片通常为圆形，经过新技术及特别改良后的印刷技术，可以使CD的外观及印刷外观不再是一成不变的正圆形了。现在，它可以是三角形、星形或任何怪异的造型，厂商可以依据客户的要求，设计出新奇有趣的CD外观。可以相信，这将为未来的CD市场带来一场革命。不过，虽然CD盘面将是多样化的，但正圆形且直径为120cm的CD仍然是光盘市场的主流。目前的CD包装外观如图7-1和图7-2所示。

图7-1　　　　　　　　　　　　　　　　　图7-2

　　CD光盘已经应用到各行各业，如企业介绍、电视短片、电影及广告片等各种形式的CD、VCD、DVD等。光盘除了本身内容外，商家还很注意CD盘面与封套的美观性，而这些却只有依靠设计师们在这个方寸之间进行构思了。

7.1.2 设计宗旨

　　音像业是建筑在文化知识之上，以知识为基础的产业，音像制品是物化形态的精神文化产品，其核心价值在于它的精神文化内涵。

　　现代唱片封面设计的艺术表现手法已十分丰富多样，在美化产品或传达信息中起到了良好的作用，为唱片增添了不少魅力。常见的唱片封面设计艺术表现手法有展示、象征比喻、夸张变形等，示例如图7-3和图7-4所示。

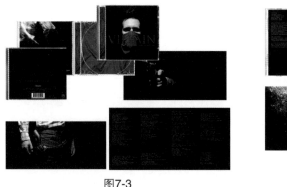

图7-3

图7-4

7.1.3 色彩运用

　　橙色是橙子、橘子和柠檬等水果的颜色，这些水果原生长于印度，中世纪十字军从阿拉伯东征到欧洲时，自然而然地把它们叫成了橙色。

　　研究心理学和生命的歌德曾经说过最高的能量中能看到橙色，健康和单纯的人们格外喜欢橙色。橙色以蓝色作为补色，具有喜悦、快乐等褒义内涵。蓝色有冷淡的感觉，而橙色却有着温暖的感觉。

　　粉红色多用于价位较高的商品和流行的商品，娇艳的粉红色也多用于春天色调的化妆品中。粉红色也是女性化的颜色，给人以温柔、美貌和伤感的印象。与紫红色、红色相近的粉红色和紫色都具有性感的一面，同时为了体现香水及浴室用品的香甜气息和味道，常常使用淡淡的粉红色或较深的红色，本例采用的颜色及色值如图7-5所示。

主色调　　　　　辅色调　　　　　　　点睛色　　　　　　　背景色
C:6 M:16 Y:56 K:2　　C:2 M:48 Y:80 K:0　　C:30 M:20 Y:50 K:0　　C:3 M:30 Y:87 K:0
　　　　　　　　　　C:5 M:78 Y:35 K:0　　C:44 M:60 Y:97 K:2
　　　　　　　　　　　　　　　　　　　　C:21 M:30 Y:30 K:0

图7-5

1. 黄色＋绿色：黄绿色是芽孢的色彩，是绿色的前奏，是生命的初始。它们的配合充满了对生命的期待，使人从绿芽、蔬菜联想到健康和生命力。

2. 黄色＋暖色系列：黄色本是暖色，因为它的明度不同，所以它还是能从暖色中脱颖而出的。黄色与暖色在一起会产生巨大的能量感，极有个性。

3. 黄色＋黑色：通常情况下黄色中的黑色是很孤独的，仿佛烈日下的树影，是厚重的叛离。黄底黑图是仅次于黑底黄图的警告色，十分醒目。但是如果运用得当，也会衬托出黄色的灿烂。

7.2　CD包装技术解析 ❯ ❯ ❯

制作要点：本实例主要使用高斯模糊滤镜、抽出滤镜、图层样式、羽化选区、自定形状工具、可选颜色命令等功能来进行制作。

制作尺寸：本实例CD封套采用的尺寸为27.3cm×18cm。

颜色模式：印刷颜色模式必须为CMYK模式，但是因为CMYK模式有很多滤镜不能使用，所以在制作时首先采取RGB模式，制作完成后，再转换为CMYK模式即可。

7.2.1　选择素材

"某娱乐公司凭借其优秀的专业团队以及广泛的媒体支持形成以北京为核心，向外辐射至整个大中华区域的主体网络空间。并籍与香港金牌经理人公司、日本DAO株式会社、香港好音乐传播公司、香港宝辉娱乐有限公司、The Think China和新加坡Extron等唱片制作公司的结盟方式，迅速整合了一个多点支撑、有效快捷的娱乐商业平台。透过一系列商业资源的结合，既可以有效地将海外艺人及专业理念引进到国内，又可以借助此优势将本地的制作资源输出到海外。

公司最近挖掘新人，根据其自身嗓音特色和形象，精心为其打造了一套Happy birthday专辑，要求设计方打造一套完整的CD包装，包括封套、CD盘面、歌词折页设计，设计风格活泼可爱，让人爱不释手。"

根据这些叙述，本案例选择了人物、布玩偶，木马等素材，如图7-6至图7-8所示，通过Photoshop中的操作技巧，巧妙地结合设计出了符合主题的CD包装。

图7-6　　　　　　　　图7-7　　　　　　　　图7-8

7.2.2　操作步骤

步骤1 制作肌理背景

1 按【Ctrl+N】快捷键执行【新建】命令，在弹出的对话框中进行参数设置，得到一个新文件命名为"Happy birthday"，如图7-9所示。

图7-9

2 选择工具箱中的【渐变工具】，在【渐变编辑器】中设置渐变颜色分别为柠檬黄色（R:253 G:251 B:141）、黄色（R:248 G:229 B:105）、浅黄色（R:255 G:220 B:170）、嫩绿色（R:201 G:220 B:28）、橘红色（R:229 G:105 B:12）、粉色（R:244 G:108 B:196），设置渐变模式为【角度渐变】，如图7-10所示。

图7-10

3 单击【图层】面板底部的【创建新图层】按钮，新建"图层1"，如图7-11所示。在画面中由中心位置向左进行拖曳，得到渐变的效果，如图7-12所示。

图7-11　　　　图7-12

4 执行菜单【滤镜】→【模糊】→【高斯模糊】命令，在弹出的对话框中进行参数设置。单击【确定】按钮，效果如图7-13所示。

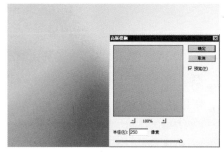

图7-13

5 按【Ctrl+N】快捷键执行【新建】命令，在弹出的对话框中进行参数设置，得到一个新文件命名为"底纹"，如图7-14所示。

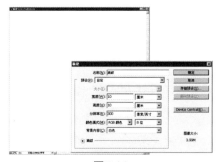

图7-14

6 选择工具箱中的【钢笔工具】，在画面中绘制一个多角形图形，如图7-15所示。

7 按【Ctrl+Enter】快捷键将路径转换为选区，如图7-16所示。

图7-15

图7-16

⑧ 按【Alt+Delete】快捷键为其填充前景色黑色，如图7-17所示。

图7-17

⑨ 执行菜单【编辑】→【定义画笔预设】命令，在弹出的对话框中进行参数设置。设置完成后单击【确定】按钮，如图7-18所示。

图7-18

⑩ 选择工具箱中的【画笔工具】✐，单击选项栏中的【切换画笔调板】按钮🗒，在弹出的面板中选择刚刚预设的

笔尖样式，如图7-19所示。在【画笔笔尖形状】面板中设置【间距】为"100%"，如图7-20所示。

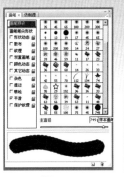

图7-19   图7-20

⑪ 切换到"Happy birthday"文档中，新建"图层2"，在画面中单击得到预设图形，设置前景色为红色（R:240 G:69 B:80），对图形进行填充，如图7-21所示。

图7-21

Tips – 提示·技巧

设置好画笔后，在画面中单击，可以得到单独的笔触。

⑫ 在【图层】面板中将"图层2"的【不透明度】设置为"50%"，如图7-22所示。

⑬ 按【Ctrl+J】快捷键复制"图层2"，得到"图层2副本"，如图7-23所示。

图7-22

图7-23

14 执行菜单【图像】→【调整】→
【色相/饱和度】命令，在弹出的对
话框中进行参数设置，如图7-24所示。

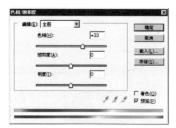

图7-24

15 单击【确认】按钮，得到的图像效
果如图7-25所示。

图7-25

16 利用刚才的方法，复制多个副本，
并分别调整图形大小、色相及不透
明度，如图7-26所示。

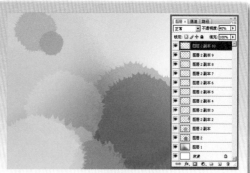

图7-26

17 在【图层】面板中选择所有的多角
形图层，单击面板右上角的向下三
角按钮，在弹出的菜单中选择【从图
层新建组】命令，如图7-27所示。

图7-27

18 在弹出的对话框中进行参数设置，
如图7-28所示。单击【确认】按
钮，【图层】面板如图7-29所示。

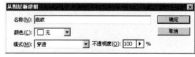

图7-28

图7-29

步骤2 制作手绘花纹

1 新建"图层3"，选择工具箱中的【钢笔工具】，在画面上绘制出一个花朵的形状，如图7-30所示。

图7-30

2 按键盘上的【D】键，恢复前景色与背景色为默认的黑色与白色，按键盘上的【X】键，切换前景色与背景色，此时前景色为白色。选择工具箱中的【画笔工具】，工具选项栏中的参数设置如图7-31所示。单击【路径】面板底部的【用画笔描边路径】按钮，如图7-32所示。

图7-31

图7-32

3 此时画面中将出现一个经过描边的花朵路径，效果如图7-33所示。

4 继续在画面中绘制出一组完整的花纹，并使用画笔进行描边，【图层】面板如图7-34所示，画面效果如图7-35所示。

图7-33

图7-34

图7-35

5 在【路径】面板的空白处进行单击，如图7-36所示，这样，画面中的路径会被隐藏起来，效果如图7-37所示。

图7-36

图7-37

6 单击【图层】面板底部的【创建新图层】按钮，新建图层，并将图层重命名为"点"，如图7-38所示。

图7-38

7 选择工具箱中的【画笔工具】 ✐，
单击选项栏中的【切换画笔调板】
按钮 📖，在弹出的对话框中选择画笔笔尖
形状，如图7-39所示。然后选择左侧列
表中的【形状动态】选项，并在右侧的对
话框中进行参数设置，如图7-40所示。

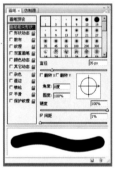 

图7-39　　　　图7-40

8 在画面中随意地单击，绘制出圆点
图形，如图7-41所示。

图7-41

9 继续在【画笔工具】选项栏中进行
参数设置，如图7-42所示。

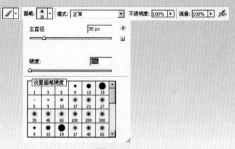

图7-42

10 在画面中随意进行单击，绘制出虚
边的圆点，如图7-43所示。

图7-43

11 在【图层】面板中选择"点"和
"花"图层，单击面板右上角的向
下三角按钮 ▼≡，在弹出的菜单中选择【从
图层新建组】命令，如图7-44所示。

图7-44

12 在弹出的对话框中进行参数设置，
将其名称命名为"花纹"，如图
7-45所示。单击【确定】按钮，【图
层】面板如图7-46所示。

图7-45

图7-46

步骤3 增加主角及相关元素

1 打开光盘中的图片文件 "Chap 07/ Happy-MM1.jpg", 如图7-47 所示。

图7-47

2 执行菜单【滤镜】→【抽出】命令, 在弹出的对话框中选择【边缘高光器工具】 ✐, 在人物的边缘进行绘制, 如图7-48所示。

图7-48

3 选择对话框中的【填充工具】 ◌, 在人物上单击, 如图7-49所示。

图7-49

4 单击【确认】按钮, 此时人物被提取出来了, 如图7-50所示。

图7-50

5 选择工具箱中的【移动工具】 ▸₊, 将人物拖曳到 "Happy birthday" 文档中, 并将图层重命名为 "MM1", 如图7-51所示。

图7-51

6 按【Ctrl+M】快捷键执行【曲线】命令，在弹出的对话框中进行参数设置，如图7-52所示。

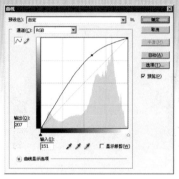

图7-52

7 单击【确定】按钮，此时人物图层被提亮了，但是小熊的色调显得有些苍白，如图7-53所示。下面将单独调整小熊的色调。

图7-53

8 在【历史记录】面板中单击"从图层创建组"前方的"设置历史记录画笔的源"按钮，如图7-54所示。

图7-54

9 选择工具箱中的【历史记录画笔工具】，并在工具选项栏中进行参数设置，如图7-55所示。在小熊上面

进行涂抹，此时小熊的质感就恢复了，如图7-56所示。

图7-55

图7-56

10 在【图层】面板中双击"MM1"图层，在弹出的【图层样式】对话框中进行参数设置，设置发光色值为（R:255 G:227 B:131），如图7-57所示。

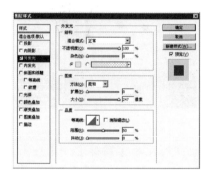

图7-57

11 单击【确认】按钮，得到的图像效果与【图层】面板如图7-58所示。

图7-58

12 选择工具箱中的【套索工具】 ，在选项栏中进行参数设置，如图7-59所示。在画面中选择人物的皮肤部分，如图7-60所示。

图7-59

图7-60

13 按【Ctrl+Alt+D】快捷键执行【羽化】命令，在弹出的对话框中进行参数设置，如图7-61所示。

图7-61

14 执行菜单【图像】→【调整】→【可选颜色】命令，在弹出的对话框中选择【颜色】下拉列表中的【红色】，其他参数设置如图7-62所示。

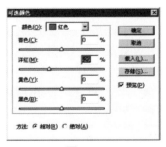

图7-62

15 在对话框中选择【颜色】下拉列表中的【黄色】，其他参数设置如图7-63所示。

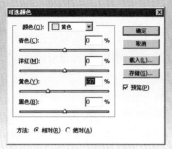

图7-63

Tips – 提示·技巧

　　【可选颜色】命令可以微调图像中的颜色，使用此命令可以使图像中的某个颜色自然地改变色相。

16 单击【确认】按钮，按【Ctrl+D】快捷键取消选区，如图7-64所示。

图7-64

17 新建图层，并将图层重命名为"光束"。选择工具箱中的【多边形套索工具】 ，在画面中绘制一个不规则的矩形，如图7-65所示。

图7-65

18 按【Ctrl+Delete】快捷键填充背景色为白色，按【Ctrl+D】快捷键取消选区，效果如图7-66所示。

图7-66

19 复制"光束"图层，得到"光束副本"，按【Ctrl+T】快捷键调出自由变换框，调整其位置和角度，如图7-67所示。

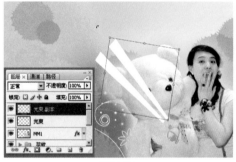

图7-67

20 按【Enter】键确认编辑，按【Alt+Shift+Ctrl+T】快捷键再次执行复制光束的命令，将图形进行多次复制并调整位置和角度，效果如图7-68所示。

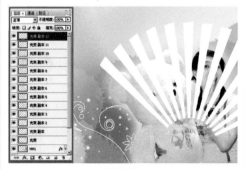

图7-68

21 在【图层】面板中将光束的相关图层全部选中，如图7-69所示。按【Ctrl+E】快捷键合并图层，得到"光束"图层，如图7-70所示。

图7-69　　　　　　　图7-70

22 将"光束"图层调整到"MM1"图层的下方，如图7-71所示。

图7-71

23 单击【图层】面板底部的【添加图层蒙版】按钮，为"光束"图层添加蒙版。选择工具箱中的【渐变工具】，在工具选项栏中进行参数设置，如图7-72所示。

图7-72

24 在画面中从上向下进行拖曳，使光束自然地消失在背景中，如图7-73所示。

图7-73

25 在【图层】面板中将"光束"图层的【不透明度】设置为"60%"，如图7-74所示。

图7-74

26 打开光盘中的图片文件"Chap 07/丘比特.jpg"，如图7-75所示。

27 选择工具箱中的【魔棒工具】✎，在白色图形上单击，将图形载入选区，如图7-76所示。

图7-75　　　　　图7-76

28 选择工具箱中的【移动工具】▶╋，将选区拖曳到"Happy birthday"文档中，并将图层重命名为"丘比特1"，如图7-77所示。

图7-77

29 打开光盘中的图片文件"Chap 07/花边.jpg"，如图7-78所示。

图7-78

30 选择工具箱中的【魔棒工具】✎，在选项栏中进行参数设置，如图7-79所示。在黑色背景上单击鼠标建立选区，如图7-80所示。

图7-79

图7-80

31 按【Ctrl+Shift+I】快捷键执行【反向】命令，此时花边图形被选中，如图7-81所示。

图7-81

32 选择工具箱中的【移动工具】▶╋，将选区拖曳到"Happy birthday"文档中，并将图层名称重命名为"花边"，如图7-82所示。

图7-82

步骤4 | 添加相关元素并绘制皇冠

1 打开光盘中的图片文件"Chap 07/桃心.psd",如图7-83所示。

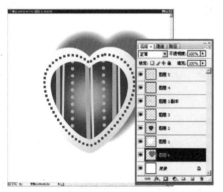

图7-83

2 按【Ctrl+E】快捷键合并相关图层,得到桃心合并图层"图层5",如图7-84所示。

图7-84

3 选择工具箱中的【移动工具】➜,将心形拖曳到"Happy birthday"文档中,并将图层名称重命名为"桃心",如图7-85所示。

图7-85

4 选择工具箱中的【画笔工具】✐,单击选项栏中的【切换画笔调板】按钮▦,在弹出的对话框中选择笔尖样式,如图7-86所示。然后在对话框中设置【形状动态】相关参数,如图7-87所示。

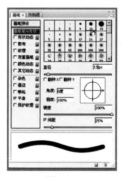
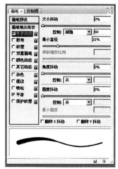

图7-86 　　　　　　图7-87

5 将前景色设置为褐色（R:127 G:56 B:18），新建图层并将其名称重命名为"皇冠",使用【画笔工具】在人物的头顶部位绘制出一个卡通的皇冠图形,如图7-88所示。

图7-88

6 在【图层】面板中双击"皇冠"的图层缩览图，在弹出的【图层样式】对话框中进行参数设置，为皇冠添加外发光效果，如图7-89所示。

图7-89

7 单击【确认】按钮，得到的图像效果与【图层】面板如图7-90所示。

图7-90

8 选择【画笔工具】并设置画笔属性，如图7-91所示。新建图层，并将其重命名为"Happy birthday"，在画面中绘制出文字，如图7-92所示。

图7-91

图7-92

9 在【图层】面板中的"皇冠"图层上单击鼠标右键，在弹出的菜单中选择【拷贝图层样式】命令，如图7-93所示。

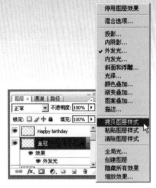

图7-93

10 在【图层】面板中的"Happy birthday"图层上单击鼠标右键，在弹出的菜单中选择【粘贴图层样式】命令，如图7-94所示。

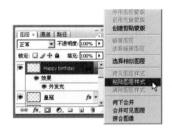

图7-94

11 此时文字与皇冠有相同的外发光效果了，如图7-95所示。

图7-95

12 新建图层并将其重命名为"太阳",在画面中用【画笔工具】绘制出卡通太阳图案,并按照上述步骤,为其添加外发光效果,如图7-96所示。

图7-96

13 选择除"背景"以外的所有图层,如图7-97所示。单击鼠标右键,在弹出的菜单中选择【从图层新建组】命令建立组,如图7-98所示。

图7-97

图7-98

14 此时封面的整体效果制作完成了,如图7-99所示。

图7-99

步骤5 制作封底

1 按【Ctrl+R】快捷键显示标尺,并从左边的标尺内拖曳出两条辅助线,将中间宽度为1cm的两条辅助线放在整个画面中间的位置,如图7-100所示。

图7-100

2 选择工具箱中的【矩形选框工具】
,在画面的左面框选一个矩形选区,如图7-101所示。

图7-101

3 新建"图层3",将前景色设置为浅黄色(R:250 G:222 B:127),按【Alt+Delete】快捷键填充前景色,并按【Ctrl+D】快捷键取消选区,如图7-102所示。

图7-102

4 打开光盘中的图片文件"Chap 07/ Happy-MM2.jpg",如图7-103 所示。

5 使用【钢笔工具】勾勒出人物轮 廓,按【Ctrl+Enter】快捷键将路 径转换为选区,如图7-104所示。

图7-103　　　　　图7-104

6 选择工具箱中的【移动工具】，ⁿ₊， 将人物选区拖曳到"Happy birthday" 文档中,并将图层名称重命名为"MM2", 如图7-105所示。

图7-105

7 按【Ctrl+T】快捷键调出自由变 换框,调整图片位置及大小,在 "MM2"图层下方新建一个"图层4", 并使用【画笔工具】在画面上人物的旁 边涂抹出影子效果,如图7-106所示。

图7-106

8 执行菜单【滤镜】→【模糊】→ 【动感模糊】命令,在弹出的对 话框中进行参数设置,单击【确定】按 钮,效果如图7-107所示。

图7-107

9 调整"图层4"的【不透明度】为 "60%",如图7-108所示。

图7-108

10 打开光盘中的图片文件"Chap 07/Happy-木马.jpg",如图7-109所示。

图7-109

11 选择工具箱中的【移动工具】，将木马拖曳到"Happy birthday"文档中,并将图层名称重命名为"木马",如图7-110所示。

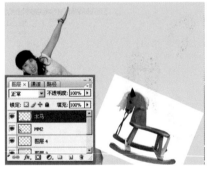

图7-110

12 在【图层】面板中将"木马"图层的混合模式设置为【变暗】,如图7-111所示。

图7-111

13 选择"MM2"图层,如图7-112所示。按【Ctrl+M】快捷键执行【曲线】命令,在弹出的对话框中进行参数设置,如图7-113所示。

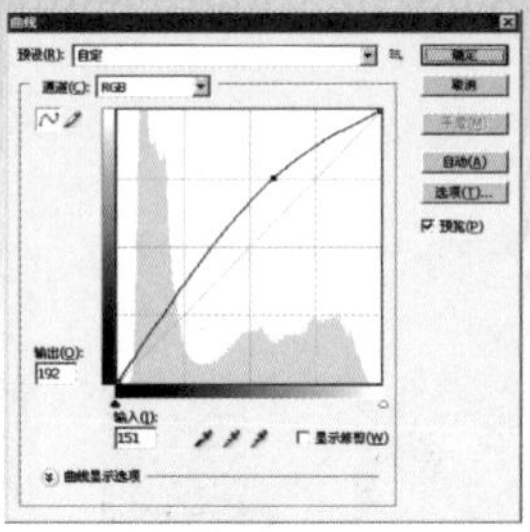

图7-112　　　　图7-113

14 单击【确定】按钮,此时"MM2"图层将被提亮,如图7-114所示。

图7-114

15 选择"桃心"图层,如图7-115所示。按【Ctrl+J】快捷键复制图层,得到"桃心副本"图层,如图7-116所示。

图7-115　　　　图7-116

16 将"桃心副本"图层拖曳到"木马"图层上方，并调整其位置及大小，如图7-117所示。

图7-117

17 按【Ctrl+J】快捷键复制"桃心副本"图层，得到"桃心副本2"图层，调整其位置及角度，如图7-118所示。

图7-118

18 按住【Ctrl】键选择"太阳"和"Happy birthday"图层，如图7-119所示。将这两个图层拖曳到【创建新图层】按钮上复制图层，得到两个副本图层，如图7-120所示。

图7-119　　　　　图7-120

19 将这两个副本图层拖曳到最上方，并调整位置及大小，如图7-121所示。

图7-121

20 按【Ctrl+J】快捷键复制"丘比特1"图层，得到"丘比特1副本"图层，调整其位置及角度，如图7-122所示。

图7-122

21 在【图层】面板中双击"丘比特1副本"图层，在弹出的【图层样式】对话框中进行参数设置，如图7-123所示。

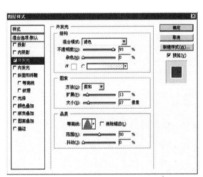

图7-123

22 选择【颜色叠加】选项，继续在对话框中进行参数设置，将颜色设置为褐色（R:127 G:56 B:18），如图7-124所示。

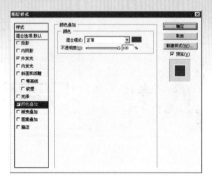

图7-124

23 单击【确定】按钮，得到的图像效果与【图层】面板如图7-125所示。

图7-125

24 选择工具箱中的【画笔工具】，在工具选项栏中进行参数设置，如图7-126所示。

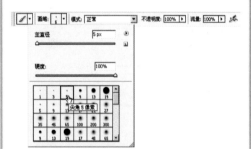

图7-126

25 新建图层，并将其重命名为"线"，在两个桃心下方绘制出两条自由曲线，如图7-127所示。

图7-127

26 打开光盘中的图片文件"Chap 07/Happy-条形码.jpg"，如图7-128所示。

图7-128

27 选择工具箱中的【移动工具】，将条形码拖曳到"Happy birthday"文档中，并将图层名称重命名为"条形码"，如图7-129所示。

图7-129

28 打开光盘中的图片文件"Chap 07/文字信息.psd",如图7-130所示。

图7-130

29 选择工具箱中的【移动工具】 ,将"文字信息"图层拖曳到"Happy birthday"文档中,并将图层名称重命名为"文字信息",如图7-131所示。

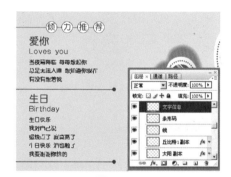

图7-131

30 在画面中间偏左的位置输入出版商、企划营销、总发行等公司信息,如图7-132所示。

图7-132

31 在文档中添加上相关的标志,如图7-133所示。

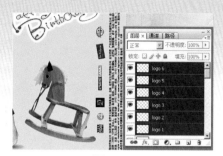

图7-133

32 此时,整个画面的效果如图7-134所示。

图7-134

33 选择封底所有相关的图层,如图7-135所示。单击鼠标右键,在弹出的菜单中选择【从图层新建组】命令新建一个组,如图7-136所示。

图7-135　　　　图7-136

34 在画面中间的位置添加文字与卡通太阳图案,如图7-137所示。

图7-137

35 添加公司的版权所有标志,如图7-138所示。

图7-138

36 添加出品公司的标志,如图7-139所示。

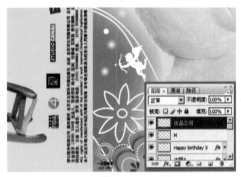

图7-139

37 新建"图层9",用【钢笔工具】绘制出木马的影子,如图7-140所示。

图7-140

38 最后根据画面的需要调整所有元素的位置与大小,至此封底就制作完成了,如图7-141所示。

图7-141

步骤6 制作歌词册

1 下面开始制作歌词折页。按【Ctrl+N】快捷键执行【新建】命令,在弹出的对话框中进行参数设置,得到一个新文件命名为"歌词折页",如图7-142所示。

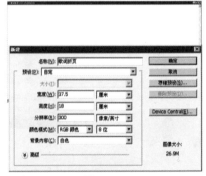

图7-142

2 将之前文档中的花纹、底纹和底图同时复制到新建的文档中，并合并图层为"花纹"，如图7-143所示。

图7-143

3 打开光盘中的图片文件"Chap 07/Happy-MM3.jpg"，如图7-144所示。

图7-144

4 选择工具箱中的【移动工具】 ，将"MM3.jpg"图片拖曳到新建的"歌词折页"文档中，按【Ctrl+R】快捷键显示标尺，从标尺中拖曳出一条辅助线，如图7-145所示。

图7-145

5 将之前文档中的木马与丘比特图片复制到"歌词折页"文档中，如图7-146所示。

图7-146

6 输入需要的文字，此时歌词折页的正面制作完成了，如图7-147所示。

图7-147

7 下面开始制作歌词折页反面。按【Ctrl+N】快捷键执行【新建】命令，在弹出的对话框中进行参数设置，得到一个新文件命名为"歌词折页2"，如图7-148所示。

图7-148

8 设置前景色为浅黄色（R:250 G:222 B:127），按【Alt+Delete】快捷键填充前景色，如图7-149所示。

9 将"Happy birthday"文档中的花纹、底纹和底图复制到"歌词折页2"文档中，并且合并图层，如图7-150所示。

图7-149

图7-150

10 用辅助线将画面分成三等份，将左面多余的部分删除。新建"图层"，将右面的颜色填充设置为黄色（R:251 G:162 B:48），如图7-151所示。

图7-151

11 打开光盘中的图片文件"Chap 07/Happy-MM4.jpg"，如图7-152所示。

图7-152

12 选择工具箱中的【移动工具】，将"MM4.jpg"拖曳到"歌词折页2"文档中，如图7-153所示。

图7-153

13 将"Happy birthday"文档中需要的元素拖曳到"歌词折页2"文档中，并调整各元素的位置及大小，如图7-154所示。

图7-154

14 输入需要的文字，此时歌词折页的第2面制作完成，如图7-155所示。

图7-155

步骤7 制作光盘面

1 下面开始制作CD1。按【Ctrl+N】快捷键执行【新建】命令，在弹出的对话框中进行参数设置，得到一个新文件命名为"CD1"，如图7-156所示。

图7-156

2 为文件填充黑色，新建"图层1"，使用【椭圆选框工具】○，制作出一个中心镂空的圆形，并将其填充为白色，如图7-157所示。

图7-157

3 打开光盘中的图片文件"Chap 07/Happy-MM3.jpg"，如图7-158所示。

图7-158

4 将"MM3.jpg"拖曳到新建的文档中，系统自动生成"图层2"。按住【Ctrl】键单击"图层1"的缩略图，获取"图层1"的选区，单击【图层】面板底部的【添加图层蒙版】按钮□，为"图层2"添加蒙版，如图7-159所示。

图7-159

5 执行菜单【编辑】→【描边】命令，在弹出的对话框中进行参数设置。单击【确定】按钮并取消选区，如图7-160所示。

图7-160

6 新建"图层4"，在图形中间处选取一个小圆形，并执行菜单【编辑】→【描边】命令，在弹出的对话框中进行参数设置。单击【确定】按钮并取消选区，如图7-161所示。

图7-161

7 将"图层4"的不透明度设置为 "50%"，如图7-162所示。

图7-162

8 单击"图层2"的图层蒙版链接 按钮，断开图层和蒙版之间的链 接，如图7-163所示。然后单击图层缩 览图，如图7-164所示。

图7-163　　　　图7-164

9 将"MM3.jpg"图片调整位置， 如图7-165所示。

图7-165

10 将封面上的文字拖曳到"CD1"文 档中，至此CD1就制作完成了，最 终效果如图7-166所示。

图7-166

11 按照上述方法与步骤制作第2张 CD2，效果如图7-167所示。

图7-167

步骤8　制作效果图

1 下面开始制作全部的效果图。按 【Ctrl+N】快捷键执行【新建】命 令，在弹出的对话框中进行参数设置， 得到一个新文件命名为"效果图"，如 图7-168所示。

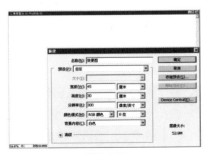

图7-168

2 设置前景色为橘黄色（R:216 G:114 B:16），按【Alt+Delete】快捷键进行填充，如图7-169所示。

图7-169

3 执行菜单【滤镜】→【渲染】→【光照效果】命令，在弹出的对话框中进行参数设置，如图7-170所示。

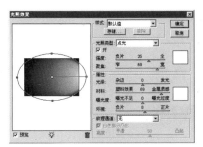

图7-170

4 设置完成后单击【确定】按钮，效果如图7-171所示。

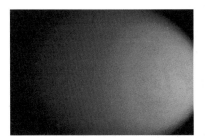

图7-171

5 将"Happy birthday"文档中的花纹、底纹和底图同时拖曳到"效果图"文档中，并将这些相关图层合并成为一个图层"花纹"，如图7-172所示。

图7-172

6 将"花纹"图层的混合模式设置为【柔光】，如图7-173所示。

图7-173

7 使用【钢笔工具】勾画出一个盒子的形状，新建"图层1"，将盒子图形填充白色，如图7-174所示。

图7-174

8 在【图层】面板中双击"图层1"，在弹出的【图层样式】对话框中进行参数设置，如图7-175所示。

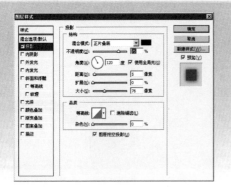

图7-175

9 单击【确定】按钮，得到的图像效果与【图层】面板如图7-176所示。

图7-176

10 在"Happy birthday"文档中将"盒底"的内容复制到"效果图"文档中，将盒底所有相关图层合并为一个"盒底"，如图7-177所示。

图7-177

11 按【Ctrl+T】快捷键调出自由变换框，调整盒底的位置和角度，如图7-178所示。

图7-178

12 从"图层1"中复制相同的图样式到"盒底"图层，为其添加阴影效果，如图7-179所示。

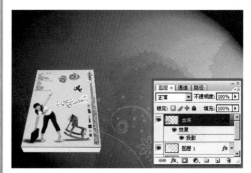

图7-179

13 使用【矩形选框工具】，在画面中绘制出一个矩形，新建"图层2"，为其填充黑色，如图7-180所示。

图7-180

14 将"图层2"图层的【不透明度】设置为"26%"，按【Ctrl+J】快捷键复制图层得到"图层2副本"，如图7-181所示。

图7-181

图7-182

15 按照上述的制作步骤，将之前制作好的手册与CD拖曳到效果图文档中，并进行变形，得到最终的效果如图7-182所示。

Tips－提示·技巧

在调整图像变形时，要根据透视中近大远小的基本原理进行调整。

7.3　技艺拓展——学习抽出滤镜

【抽出】滤镜插件提供了一个选取对象的捷径，通过这个滤镜可以轻松地从背景图像中提取出前景对象。在前面的章节中介绍了通过魔术橡皮擦工具、背景橡皮擦工具等可以将背景删除，但是这些工具都没有【抽出】功能更加智能化。【抽出】命令的工作原理是先使用工具将图像边缘以高亮显示，然后将内部区域保护起来，通过预览可以得到提取的图像。

7.3.1　抽出对话框

执行菜单【滤镜】→【抽出】命令，弹出的【抽出】对话框如图7-183所示。

【抽出】对话框好比一个小的绘图软件，【抽出】对话框包含工具栏、属性栏和状态栏。在使用工具栏中的【边缘高光器工具】之前首先需要在右侧的工具选项栏中进行参数设置。

【画笔大小】：在文本框中输入数值或拖动滑杆以指定画笔大小。

【高光】：指定使用【边缘高光器工具】来描绘边缘的颜色，在其下拉列表中可选择【红色】、【绿色】、【蓝色】或其他颜色用于表示突出显示的颜色，默认为【绿色】。

【填充】：指定一种用【填充工具】填充后的颜色。

橡皮擦工具

填充工具

边缘高光器工具

吸管工具

抓手工具

缩放工具

边缘修饰工具

清除工具

图7-183

【智能高光显示】：勾选该复选框，在使用【边缘高光器工具】 绘制对象边缘时，Photoshop会自动判断合适的画笔大小，特别是在有相似颜色或相似底纹区域时，要精确地定义边缘。

在对话框中使用【边缘高光器工具】 ，在需要提取的对象边缘拖动绘制出需要提取对象的轮廓，绘制后的边缘会显示为绿色，即在【高光】列表框中设置的颜色。在使用【边缘高光器工具】 进行绘制时应该力求精确，因此需要随时更改【画笔大小】来绘制对象的轮廓，使用【缩放工具】 和【抓手工具】 来协助描绘提取线条，绘制错误时则可以使用【橡皮擦工具】 擦去不需要的部分。

绘制好一个封闭的边界后，选择【填充工具】 ，在绘制的轮廓内部单击即可填充颜色，此时图像上的颜色为半透明，默认为浅蓝色，浅蓝色的部分是图像受保护不会被挖空的部分。

通过设置预览选项组中的参数可以改变预览图像的显示状态。

【显示】：设置图像的预览模式，可以在原图像和抽出后的图像之间切换。

【显示】：第二个显示用来设置抽出的背景以何种方式显示，其中包括【无】、【黑色杂边】、【灰色杂边】、【白色杂边】、【其他】和【蒙版】。

【显示高光】：勾选该复选框则在图像去背景预览后可以再显示绿色的边缘。

【显示填充】：勾选该复选框则在图像去背景预览后可以显示蓝色的填色遮罩。

如果对图像分离的预览结果不满意，还可以对前面的操作进行修改。使用【清除工具】涂抹需要减去的图像即可。使用【清除工具】修饰图像时，如果按住【Alt】键涂抹图像则可以将涂抹区域还原成修改前的样子。

同样，也可以通过使用【边缘修饰工具】进行涂抹，用该工具涂抹图像的背景边缘，可以使图像的边缘变得锐利，按住【Ctrl】键涂抹时，则可以将涂抹区域还原为原来的效果。

抽出的范围同样也可以在【抽出】选项组中进行参数设置。

【平滑】：设置提取边缘的平滑程度。

【通道】：如果文件之间设置有Alpha通道，可以在这里选取边缘。

【强制前景】：勾选此复选框，接着以【吸管工具】在提取边缘上吸取一个颜色作为前景颜色。这样，在提取边缘的图像中，该颜色将被强制保留下来。

完成各项设置之后，单击【确定】按钮即可得到抽出的图像效果。

7.3.2　抽出滤镜应用

1 打开光盘中的图片文件"Chap 07/技艺拓展/松鼠.jpg"，如图7–184所示。

图7-184

2 在【图层】面板中将"背景"图层拖曳到面板底部的【新建】按钮上，得到"背景副本"图层，如图7–185所示。单击"背景"图层前面的【指示图层可见性】按钮，隐藏"背景"图层，如图7–186所示。

图7-185　　　　图7-186

3 执行菜单【滤镜】→【抽出】命令，弹出【抽出】对话框，如图7–187所示。

图7-187

4 在弹出的对话框中选择【边缘高光器工具】，在松鼠的边缘进行绘制，如图7–188所示。

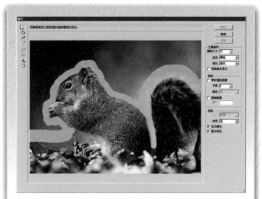

图7-188

5 选择对话框中的【填充工具】，在松鼠上单击填充颜色，如图7-189所示。

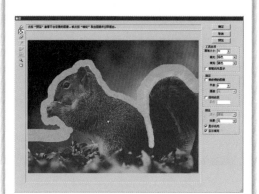

图7-189

6 单击【确定】按钮，此时松鼠被提取出来了，如图7-190所示。但是某些边缘仍有多余的图像。

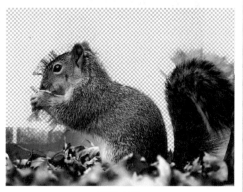

图7-190

7 选择工具箱中的【橡皮擦工具】，在选项栏中进行参数设置，如图7-191所示。将松鼠边缘多余的图像擦除掉，如图7-192所示。

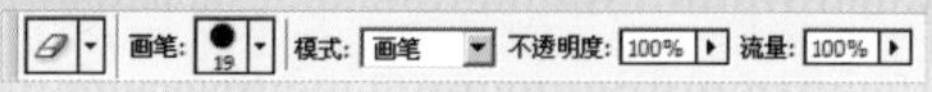

画笔:
19
模式: 画笔
不透明度: 100%
流量: 100%

图7-191

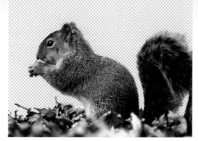

图7-192

8 打开光盘中的图片文件“Chap 07/技艺拓展/底纹.jpg”，如图7-193所示。

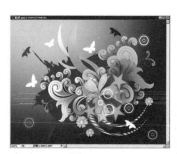

图7-193

9 选择工具箱中的【移动工具】，将松鼠拖曳到“底纹”文档中，如图7-194所示。

图层
通道
路径
正常
不透明度: 100%
锁定:
填充: 100%
松鼠
背景

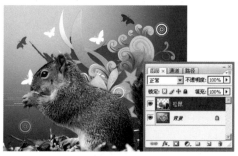

图7-194

10 在【图层】面板中双击"松鼠"图层，在弹出的【图层样式】对话框中进行参数设置，如图7-195所示。

图7-195

11 设置完成后单击【确定】按钮，得到的图像效果与【图层】面板如图7-196所示。

12 使用文字工具添加需要的文字，最终效果如图7-197所示。

图7-196

图7-197

文件位置

原始：Chap 8/光束.psd
　　　Chap 8/玉米片.psd
　　　……

效果：Chap 8/乳酸酪洋葱味.psd
　　　Chap 8/烧烤牛排味.psd
　　　……

Chapter 08
玉米片包装 (食品包装)

制作要点：

▲ 本实例全面剖析了食品包装的理论知识，并深入研究了食物味道与色彩之间的联系，完整地阐述了二维标志设计、包装袋展开图制作、立体效果图的制作方法等。在制作过程中介绍了Photoshop中的描边、文字变形、自定形状工具、画笔工具、钢笔工具的使用。

实例步骤示意图

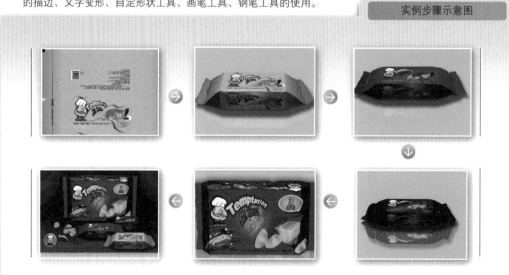

8.1 食品包装知识解析 ⟩⟩⟩

食品包装设计包括小食品包装设计、休闲食品包装设计及饮料包装、茶叶包装、礼盒包装、烟酒包装（香烟/白酒/红酒/葡萄酒/啤酒等）、巧克力包装、瓜子包装、牛奶包装、面包包装和雪糕包装等设计。在设计包装时要注重考虑两个层面的表现：即"口感"和"舌感"。这里的"口感"指咀嚼的感受，如粘稠、坚硬、松脆、顺滑等都属于口感的范围；而甜、酸、辣、咸等知觉品位则属于舌感的范围。在注意到这两点的基础上，再进一步从包装结构、材料运用、行业标准等方面继续完善。

8.1.1 客户对象

为什么有些商品一上市即受到关注，而有些商品摆在货架上直至过期都没人留意？除了取决于产品的本质特点外，还要看产品的外在包装是否能吸引消费者，以及产品是否被当成了一个品牌来打造。在打造一个品牌的过程中，包装的设计功不可没。 外包装会让产品在消费者心中形成最直观的印象和认识，如图8-1和图8-2所示。产品包装担负着对产品信息进行传达和宣传的重任，使人们通过视觉而产生心理上的共鸣，从而激发消费者的购买欲。在各种包装中，能从包装外观直接影响人们味觉联想的就是食品包装。产品包装具有以下一些特点。

图8-1

图8-2

（1）审美性

随着时代的发展，人们的审美层次不断提高，要求也不断提高。满足人们的审美需要成为包装设计的主要课题。单纯放一张产品照片的包装已不能满足人们的审美需求，他们需要更艺术化的表现形式。而设计者们也通过抽象的手法，使产品包装更具艺术性，给人们留下了遐想的空间。如为某肉食公司产品设计时，采用了卡通形象，效果非常明显。

（2）合理性

包装画面可以适当夸张，但不可随意夸大。现代的食品包装设计越来越多地采用艺术效果表现产品特点，如电脑绘制出产品，这种方法能弥补拍照的不足，可以和配料、原料等随意组合，使人们更直观地认识和了解产品。

（3）独特性

市场上的食品包装琳琅满目，如何使自己的产品从众多同类商品中脱颖而出呢，这就需要创新，标新立异。比如方便面包装在大众的印象中，颜色不外乎几种：红、黄、绿、橙。除了看品牌的知名度，在包装上几乎没有什么独特性。五谷道场系列方便面的上市颠覆了这一类型产品的用色习惯，大胆地使用黑、白相配。协调的比例分割使之不俗，成功地吸引了消费者的目光。

8.1.2 设计宗旨

1. 标志、文字设计

文字在包装画面中所占的比重比较大，它是向消费者传达产品信息最主要的途径和手段，产品名称是整个包装中最重要的元素，它要给人以清晰的视觉印象。因此，设计中的文字应避免繁杂零乱，使人易认、易懂。

2. 图形、图案设计

食品可通过包装的画面设计展示产品的特点及本质。现代食品包装中，运用最多的是在画面中直接体现产品。通过一些艺术手法，使产品看起来可口、诱人。有些产品如饮料、酱料等，无法直接体现产品，它们则运用体现原料或与此产品可搭配的食物形象来表现。实例如图8-3和图8-4所示。

图8-3

图8-4

8.1.3 色彩运用

红色在食品包装中的最大特点是能够激发食欲。正因如此，红色也是与食品的味道关系十分密切的颜色。红色能给人强烈、鲜明、浓厚的感觉，还能给人一种快感和兴奋感。有相当一部分原料烹调后呈现出悦目的红色，一部分美味的菜肴也是红色或者接近红色的。自然界不少果实是红色的，红色是成熟和味美的标志。

黄色在增进食欲方面仅次于红色。特别对金黄色来说，是一种颇受欢迎的食物颜色，能够诱发人的食欲。黄色能给人以或软嫩，或松脆，或干香，或清新的味觉感受。

绿色是不少蔬菜的天然色泽。绿色的菜肴给人清新、鲜嫩、淡雅、明快的感觉。在设计绿色的包装时，要尽可能保持天然的绿色，避免成为黄绿色。绿色同样是一种使人愉快的颜色，本例采用的颜色及色值如图8-5所示。

主色调	辅色调	点睛色	背景色
C:40 M:97 Y:100 K:6	C:62 M:100 Y:100 K:60	C:20 M:70 Y:90 K:0	C:49 M:100 Y:100 K:26
	C:64 M:0 Y:95 K:0	C:76 M:23 Y:20 K:0	
		C:63 M:51 Y:100 K:8	

图8-5

Tips – 提示・技巧

1. 红色+粉红色：同色系的配色比较协调，粉红色能冲淡红色的"火气"，增添一份柔美、娇嫩。

2. 红色+蓝色、紫色：红色本是最暖的颜色，配"很冷"的蓝色与紫色需要小心。选偏冷的红，如玫红、紫红，使得蓝色与紫色呈现冷艳的效果。另一方法是以粉红色去配合蓝紫色，由于粉红色是由红色加白色，会比红色偏冷，加之明度远比蓝紫色高得多，就会形成和谐而清朗的气氛。

3. 红色+绿色：二者是互补色，是对抗的两极，也是阴阳调和的平衡。同等的明度使得它们的冲突加剧，结果是红色更红，绿色更绿。配色不好会变成俗艳，避免俗艳的较好方法就是降低纯度，如圣诞红和圣诞绿，这对经典的组合就是个好的例证。

8.2 食品包装技术解析 ❯ ❯ ❯

制作要点：本实例主要使用描边命令、文字变形命令、自定形状工具、画笔工具、钢笔工具等来进行制作。

制作尺寸：本实例采用的尺寸为竖版的22cm×26cm。

8.2.1 选择素材

"滋味儿食品有限公司主要从事果冻、膨化、饮料等食品的研发、生产和销售。

公司拥有标准化的生产车间和完善的管理制度；精良的化验检测技术和先进的生产设备；一流的技术和最新的工艺流程。公司化验室已经顺利通过认证、验收，具有独立检测的能力。为使公司的产品处于优势地位，并保障提供给消费者最优的产品，公司提出了'以质量求生存'的口号，公司一直对原材料厂商进行最严格的筛选，要求原材料做到完美的程度。在开拓市场方面一贯秉承的原则是：至诚至信的经营理念和完善的售后服务体系，走和经销商共同发展的思路，这赢得了广大市场的赞誉和众多的市场合作伙伴，品牌化是公司发展的方向。

新研发的玉米片产品，有极好的市场前景，现有三种口味的玉米片，美味、时尚、便于携带。"

根据这些叙述，本例选择了洋葱乳酪、玉米饼等素材，如图8-6至图8-8所示。

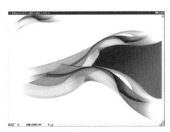

图8-6 图8-7 图8-8

8.2.2 操作步骤

步骤1 制作平面图背景

1 按【Ctrl+N】快捷键执行【新建】命令，在弹出的对话框中进行参数设置，得到一个新文件命名为"乳酸酪洋葱味"，如图8-9所示。

图8-9

2 按【Ctrl+R】快捷键显示标尺，并从左边的标尺内拖曳出需要的辅助线，辅助线是用来分割正面、侧面和粘合处的，如图8-10所示。

图8-10

3 选择工具箱中的【渐变工具】 ■，在【渐变编辑器】中将渐变颜色分别设置为绿色（R:42 G:144 B:15），嫩绿色（R:79 G:212 B:43），绿色（R:42 G:144 B:15），如图8-11所示。

图8-11

4 在画面中从左向右进行拖曳，得到一个渐变的效果，如图8-12所示。

图8-12

5 打开光盘中的分层图片文件"Chap 08/光束.psd"，如图8-13所示。

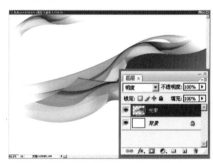

图8-13

6 选择工具箱中的【移动工具】 ▶♦，将光束图片拖曳到新建文档中，按

【Ctrl+T】快捷键调出自由变换框,调整图形的大小与位置,如图8-14所示。

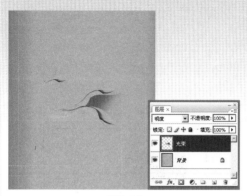

图8-14

步骤2 制作主体物

① 按【Ctrl+N】快捷键执行【新建】命令,在弹出的对话框中进行参数设置,得到一个新文件命名为"打开包装",如图8-15所示。

图8-15

② 选择工具箱中的【钢笔工具】 ◊ ,在画面中绘制出一个多角形状,如图8-16所示。

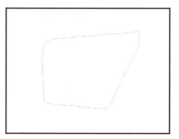

图8-16

③ 按【Ctrl+Enter】快捷键将路径转换为选区,如图8-17所示。

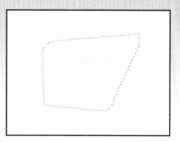

图8-17

④ 将前景色设置为(R:79 G:212 B:43),新建"图层1",按【Alt+Delete】快捷键填充前景色,如图8-18所示。

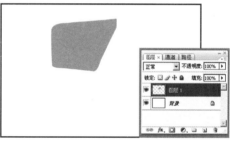

图8-18

⑤ 选择工具箱中的【套索工具】 ♀ ,在画面中勾选形状,如图8-19所示。

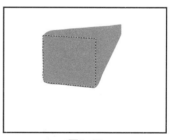

图8-19

⑥ 选择工具箱中的【渐变工具】 ■ ,在【渐变编辑器】中将渐变颜色分别设置为绿色(R:79 G:212 B:43)与黑色,如图8-20所示。

图8-20

7 在选区内从上向下进行拖曳，得到一个渐变的效果，按【Ctrl+D】快捷键取消选区，如图8-21所示。

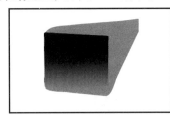

图8-21

8 选择工具箱中的【加深工具】 或【减淡工具】 ，并根据需要设置其工具属性，然后分别进行涂抹，如图8-22和图8-23所示。

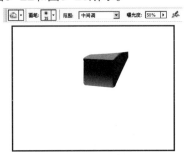

图8-22

图8-23

9 选择工具箱中的【画笔工具】 ，并设置工具属性，如图8-24所示。

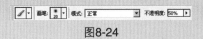

图8-24

10 单击【图层】面板底部的【创建新图层】按钮 ，新建图层并重命名为"阴影"，如图8-25所示。

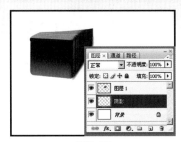

图8-25

11 打开光盘中的图片文件"Chap 08/玉米片.psd"，如图8-26所示。

图8-26

12 选择工具箱中的【移动工具】 ，将玉米图片拖曳到"打开包装"文档中，调整其大小与位置，如图8-27所示。

图8-27

13 选择"背景"图层,将前景色设置为灰色,然后进行填充,如图8-28所示。

图8-28

14 使用【钢笔工具】,在画面中勾画出塑料盒的轮廓,并转换为选区,新建图层重命名为"玉米片",如图8-29所示。

图8-29

15 新建图层重命名为"塑料",按【Ctrl+Delete】快捷键填充背景色为白色,按【Ctrl+D】快捷键取消选区,如图8-30所示。

图8-30

16 在【图层】面板中将"塑料"图层的【不透明度】设置为"65%",如图8-31所示。

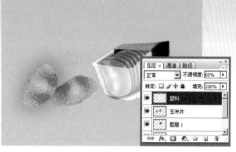

图8-31

17 单击【图层】面板底部的【添加图层蒙版】按钮 ，为"塑料"图层添加蒙版。选择工具箱中的【画笔工具】 ，根据需要在塑料图形上进行涂抹,将塑料盒的质感表现出来,如图8-32所示。

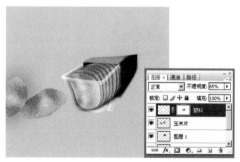

图8-32

18 在【图层】面板中双击"塑料"图层,在弹出的【图层样式】对话框中进行参数设置,如图8-33所示。

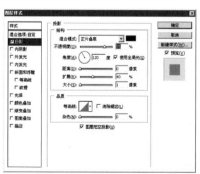

图8-33

19 单击【确定】按钮，得到的图像效果与【图层】面板如图8-34所示，塑料盒添加了投影效果。

图8-34

20 打开光盘中的图片文件"Chap 08/配料.jpg"，如图8-35所示。

图8-35

21 选择工具箱中的【魔棒】，在白色背景上单击，按【Ctrl+Shift+I】快捷键执行【反向】命令，将图形选中，如图8-36所示。

图8-36

22 选择工具箱中的【移动工具】，将配料图形拖曳到"打开包装"文

档中，将图层重命名为"配料"，如图8-37所示。

图8-37

23 按住【Ctrl】键，选择除"背景"图层外的所有图层，如图8-38所示。按【Ctrl+E】快捷键合并选中的图层，将合并后的图层重命名为"打开包装"，如图8-39所示。

图8-38   图8-39

24 选择工具箱中的【移动工具】，将"打开包装"文档拖曳到"乳酸酪洋葱味"文档中，调整其大小及位置，如图8-40所示。

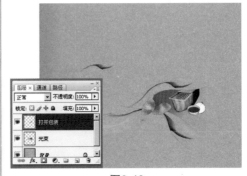

图8-40

步骤3 制作标志

1 按【Ctrl+N】快捷键执行【新建】命令，在弹出的对话框中进行参数设置，得到一个新文件命名为"标志"，如图8-41所示。

图8-41

2 选择工具箱中的【钢笔工具】 ◊ ，在画面中绘制出标志外轮廓，如图8-42所示。

图8-42

3 按【Ctrl+Enter】快捷键将路径转换为选区，新建"图层1"，将其填充为黑色，按【Ctrl+D】快捷键取消选区，如图8-43所示。

图8-43

4 选择工具箱中的【钢笔工具】 ◊ ，在画面中上部位置绘制帽子形状，如图8-44所示。

图8-44

5 按【Ctrl+Enter】快捷键将路径转换为选区，将选区填充为白色，按【Ctrl+D】快捷键取消选区，效果如图8-45所示。

图8-45

6 选择工具箱中的【钢笔工具】 ◊ ，在画面中绘制出脸部形状，如图8-46所示。

图8-46

7 将前景色设置为浅黄色（R:250 G:219 B:142），按【Ctrl+Enter】快捷键将路径转换为选区，按【Alt+Delete】快捷键填充前景色，如图8-47所示。

图8-47

8 选择工具箱中的【钢笔工具】，在画面中绘制胡子形状，如图8-48所示。

图8-48

9 将前景色设置为橘红色（R:245 G:114 B:2），按【Ctrl+Enter】快捷键将路径转换为选区，按【Alt+Delete】快捷键填充前景色，如图8-49所示。

图8-49

10 执行菜单【编辑】→【描边】命令，在弹出的对话框中进行参数设置，如图8-50所示。

图8-50

11 单击【确定】按钮，对胡子图形进行了描边，效果如图8-51所示。

图8-51

12 选择工具箱中的【画笔工具】，将标志的五官绘制出来，如图8-52所示。

图8-52

13 选择工具箱中的【钢笔工具】，在画面中绘制出领结形状，并填充红色（R:232 G:0 B:2），如图8-53所示。

图8-53

14 在【图层】面板中双击"标志"图层，在弹出的【图层样式】对话框中进行参数设置，如图8-54所示。

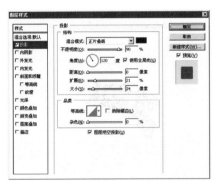

图8-54

15 设置完成后单击【确定】按钮，得到的图像效果与【图层】面板如图8-55所示。

图8-55

16 打开光盘中的图片文件"Chap 08/标志立体字.jpg"，如图8-56所示。

图8-56

17 选择工具箱中的【魔棒工具】，在白色背景上单击，按【Ctrl+Shift+I】快捷键执行【反向】命令，将文字选中，如图8-57所示。

图8-57

18 选择工具箱中的【移动工具】，将"标志立体字"拖曳到"标志"文档中，将图层重命名为"立体字"，如图8-58所示。

图8-58

19 在【图层】面板中双击"立体字"图层，在弹出的【图层样式】对话框中进行参数设置，如图8-59所示。

图8-59

20 单击【确定】按钮，并调整立体字的大小，得到的图像效果与【图层】面板如图8-60所示。

图8-60

21 选择工具箱中的【横排文字工具】T，在标志下方输入文字，如图8-61所示。

图8-61

22 在【图层】面板中的文字图层上单击鼠标右键，在弹出的菜单中选择【栅格化】命令，双击文字图层，在弹出的【图层样式】对话框中进行参数设置，如图8-62所示。

图8-62

23 单击【确定】按钮，得到的图像效果与【图层】面板如图8-63所示。

图8-63

24 打开光盘中的"Chap 08/名称.jpg"，如图8-64所示。

图8-64

25 选择工具箱中的【魔棒工具】，在工具选项栏中进行参数设置，如图8-65所示。

图8-65

26 在画面上单击白色区域，按【Ctrl+Shift+I】快捷键进行反选，并按【Ctrl+C】快捷键复制，如图8-66所示。

27 切换到标志文档中，按【Ctrl+V】快捷键执行粘贴命令，如图8-67所示。

图8-66

图8-67

28 按住【Ctrl】键，选择除"背景"图层外的所有图层，如图8-68所示。按【Ctrl+E】快捷键合并选中的图层，如图8-69所示。

图8-68

图8-69

步骤4 合成平面图

1 选择工具箱中的【移动工具】 ，将标志拖曳到"乳酸酪洋葱味"文档中，调整其大小及位置，如图8-70所示。

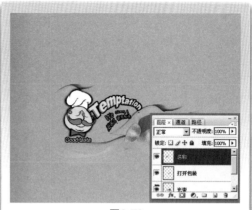

图8-70

2 在【图层】面板中选择相关图层，单击向下三角按钮 ，在弹出的菜单中选择【从图层新建组】命令，如图8-71所示。

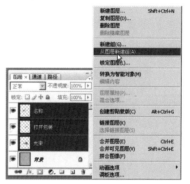

图8-71

3 在弹出的对话框中进行参数设置，如图8-72所示。单击【确定】按钮，如图8-73所示。

图8-72

图8-73

4 将"组1"拖曳到【图层】面板底部的【创建新图层】按钮 上，得到"组1副本"，调整副本图层的位置，如图8-74所示。

图8-74

5 选择工具箱中的【横排文字工具】 T ，在画面中输入文字，在【字符】面板中进行参数设置，如图8-75所示。

图8-75

6 在选项栏中单击【创建文字变形】按钮 ，在弹出的【变形文字】对话框中进行参数设置，如图8-76所示。

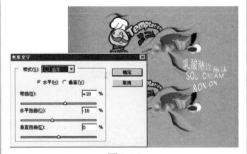

图8-76

7 设置完成后单击【确定】按钮，变形后的文字效果如图8-77所示。

图8-77

8 在【图层】面板中的文字图层上单击鼠标右键，在弹出的菜单中选择【栅格化】命令，按【Ctrl+J】快捷键复制图层，并更改文字颜色为深绿色，如图8-78所示。

图8-78

9 调整图层位置，将绿色副本拖曳到白色文字的下方，并将绿色文字向左下移动，制作出字体效果。按【Ctrl+E】快捷键将两个文字图层合并，如图8-79所示。

图8-79

10 在【图层】面板上双击合并后的图层，在弹出的【图层样式】对话框中进行参数设置，将阴影色值设置为（R:39 G:137 B:13），如图8-80所示。

图8-80

11 单击【确定】按钮，得到的图像效果与【图层】面板如图8-81所示。

图8-81

12 按住【Ctrl】键，在【通道】面板中单击"Alpha1"通道，如图8-82所示。

图8-82

13 复制文字图层，并移动副本的位置，如图8-83所示。

图8-83

14 将这两个图层分别拖曳到"组1"与"组1副本"里面，这样方便编辑，如图8-84所示。

图8-84

15 输入相关信息，在【图层】面板中选择图层，单击向下三角按钮 ，在弹出的菜单中选择【从图层新建组】命令，如图8-85所示。

图8-85

16 在弹出的对话框中进行设置，如图8-86所示。单击【确定】按钮，如图8-87所示。

图8-86

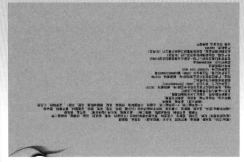

19 按【Ctrl+T】快捷键调出自由变换框，将文字进行旋转，按【Enter】键确定，如图8-90所示。

图8-90

图8-87

17 复制"信息"图层组得到"信息副本"图层组，并调整位置，如图8-88所示。

20 将条形码与验证标志拖曳到文档中，并调整其位置与大小，如图8-91所示。

图8-88

图8-91

18 在画面偏上的位置输入食品的详细信息，并将文字进行编辑组，如图8-89所示。

21 在【图层】面板中选择相关图层，如图8-92所示。将其编入"组2"，如图8-93所示。

图8-92　　图8-93

图8-89

22 选择工具箱中的【多边形套索工具】选取一个矩形，填充为黑色，再使用此工具选取一个三角形，填充颜色为柠檬黄色（R:243 G:241 B:4），如图8-94所示。

图8-94

23 在【画笔工具】选项栏中进行参数设置，如图8-95所示。单击选项栏右边的【切换画笔调板】按钮，在弹出的【画笔】面板中选择【画笔预设】选项，并在对话框中调整画笔属性，如图8-96所示。

图8-95

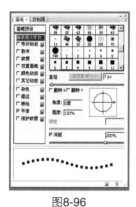

图8-96

24 在画面左侧上方单击鼠标，按住【Shift】键在画面下方单击鼠标，绘制出一条虚线，如图8-97所示。

图8-97

25 选择工具箱中的【自定形状工具】，在【形状】列表中选择需要的【剪刀2】形状，如图8-98所示。

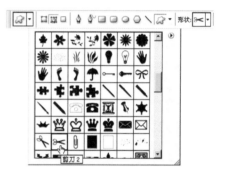

图8-98

26 在画面中拖曳出一个剪刀形状，如图8-99所示。

图8-99

27 按【Ctrl+Enter】快捷键将路径转换为选区，并将选区填充为黑色，如图8-100所示。

图8-100

28 按【Ctrl+T】快捷键调出自由变换框，拖曳控制点将剪刀旋转，并移动剪刀到虚线上，如图8-101所示。

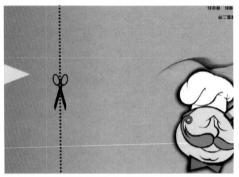

图8-101

29 选择虚线图层，并用选取框选出多余的线段，按【Delete】快捷键将其删除，如图8-102所示。

图8-102

30 选择【直排文字工具】 **T** ，在剪刀下方输入相关文字。按【Ctrl+T】快捷键调出自由变换框，拖曳控制点，将文字进行旋转效果，如图8-103所示。

图8-103

31 至此，第一个包装的展开图就完成了，最终效果如图8-104所示。

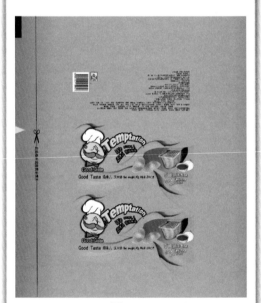

图8-104

步骤5 制作其他口味包装的平面图

1 根据制作第1个包装展开图的方法制作出第2种口味"烧烤牛排味"的展开图，如图8-105所示。

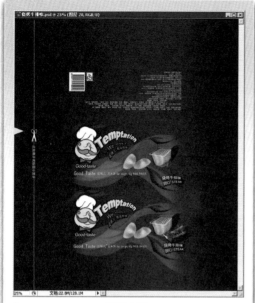

图8-105

② 根据制作第1个包装展开图的方法制作出第3种口味"原味"的展开图，如图8-106所示。

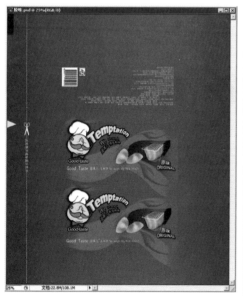

图8-106

③ 在【图层】面板中单击向下三角按钮▾≡，在弹出的菜单中选择【拼合图像】命令，如图8-107所示。

图8-107

④ 拼合后的图层为"背景"图层，如图8-108所示。

图8-108

⑤ 选择工具箱中的【矩形选框工具】□，在画面的左面框选一个矩形选区，如图8-109所示。

图8-109

步骤6 制作立体效果

① 按【Ctrl+N】快捷键执行【新建】命令，在弹出的对话框中进行参数设置，得到一个新文件命名为"乳酸酪洋葱味（立体效果）"，并将其填充为灰色，如图8-110所示。

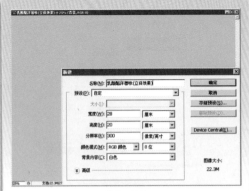

图8-110

图8-113

2 选择工具箱中的【移动工具】，将选区内的图像拖曳到新建的文档中，如图8-111所示。

图8-111

5 选择工具箱中的【移动工具】，将选区内的图像拖曳到新建的文档中，如图8-114所示。

图8-114

3 按【Ctrl+T】快捷键调出自由变换框，按住【Ctrl】键调整控制点，制作出透视效果，如图8-112所示。按【Enter】键确认编辑。

图8-112

6 按【Ctrl+T】快捷键调出自由变换框，按住【Ctrl】键调整控制点，制作出透视效果，如图8-115所示。按【Enter】键确认编辑。

图8-115

4 选择工具箱中的【矩形选框工具】，在画面的左面再次框选一个矩形选区，如图8-113所示。

7 按照此种方法，将相关的图像拖曳过来并组合成立体效果，如图8-116所示。

图8-116

8 在【图层】面板中选择相关图层，如图8-117所示。按【Ctrl+E】快捷键合并图层，如图8-118所示。

图8-117　　　　图8-118

9 选择工具箱中的【多边形套索工具】，选取包装的暗面部分，如图8-119所示。

图8-119

10 执行菜单【图像】→【调整】→【色相/饱和度】命令，在弹出的对话框中进行参数设置，如图8-120所示。

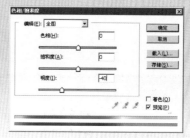

图8-120

11 单击【确定】按钮，得到的图像效果如图8-121所示。

图8-121

12 设置前景色为绿色（R:18 G:170 B:5），选择工具箱中的【画笔工具】，在工具选项栏中设置其属性，如图8-122所示。在立体包装的封口处绘制出直线封口效果，如图8-123所示。

图8-122

图8-123

13 执行菜单【滤镜】→【艺术效果】→【塑料包装】命令，在弹出的对话框中进行参数设置，如图8-124所示。

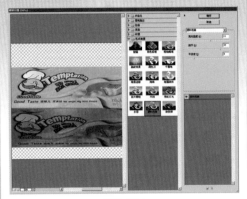

图8-124

14 设置完成后单击【确定】按钮，此时包装有了塑料质感效果，如图8-125所示。

图8-125

15 执行菜单【滤镜】→【液化】命令，在弹出的对话框中选择【向前变形工具】，在立体包装的边缘进行涂抹，制作出更加真实的立体效果，如图8-126所示。

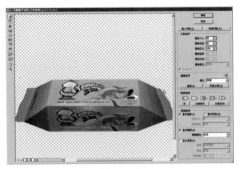

图8-126

16 单击【确定】按钮，包装的效果更加具有真实感，如图8-127所示。

图8-127

17 在【图层】面板中双击"酸乳酪洋葱分解"图层，在弹出的【图层样式】对话框中进行参数设置，如图8-128所示。

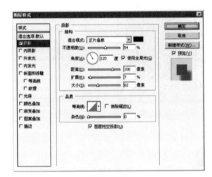

图8-128

18 单击【确定】按钮，得到的图像效果与【图层】面板如图8-129所示。

图8-129

19 复制"酸乳酪洋葱分解"图层,得到其副本图层,将副本图层垂直翻转,并向下移动位置,如图8-130所示。

图8-130

20 将副本的图层混合模式设置为【滤色】,将图层【不透明度】设置为"26%",如图8-131所示。

图8-131

21 根据制作第1个包装立体效果图的方法来制作第2种口味"烧烤牛排味"的立体效果图,如图8-132所示。

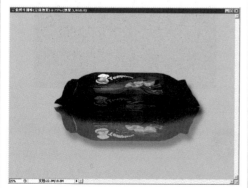

图8-132

22 根据制作第1个包装立体效果图的方法来制作第3种口味"原味"的立体效果图,如图8-133所示。

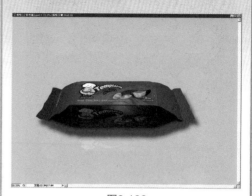

图8-133

23 下面来制作包含这3个包装的大包装效果。按【Ctrl+N】快捷键执行【新建】命令,在弹出的对话框中进行参数设置,得到一个新文件命名为"大包装",如图8-134所示。

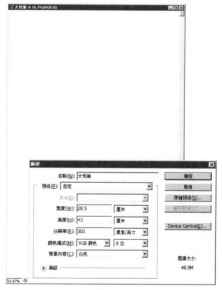

图8-134

24 按照之前的方法,制作出大包装的平面图,如图8-135所示。

图8-135

25 按照之前的方法，制作出大包装的立体包装效果，如图8-136所示。

图8-136

步骤7 制作最终效果图

1 按【Ctrl+N】快捷键执行【新建】命令，在弹出的对话框中进行参数设置，得到一个新文件命名为"效果图"，如图8-137所示。

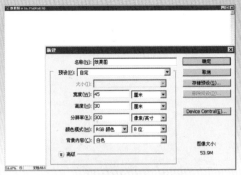

图8-137

2 选择工具箱中的【渐变工具】 ，在【渐变编辑器】中设置渐变颜色分别为褐色（R:69 G:1 B:2）和红色（R:165 G:2 B:2），如图8-138所示。

图8-138

3 在画面中从上向下进行拖曳，得到一个渐变的效果，如图8-139所示。

图8-139

4 在画面左上角或右上角各绘制一个形状，并添加渐变效果。用相同的方法绘制多个图层，并将图层进行随意组合，效果如图8-140所示。

图8-140

⑤ 将3个小包装及1个大包装的立体
效果拖曳到"效果图"文档中，如
图8-141所示。

图8-141

⑥ 添加相关的标志信息与产品，这些
元素可以在之前制作的文档中拖曳
过来，根据需要进行组合，如图8-142
所示。

图8-142

⑦ 选择工具箱中的【渐变工具】，
在【渐变编辑器】中设置渐变颜
色分别为黄色（R:240 G:149 B:14）和

橘红色（R:216 G:114 B:19），如图
8-143所示。

图8-143

⑧ 在画面中的标志后面选取一个圆形
选区，从上向下进行拖曳，得到一
个渐变的效果，如图8-144所示。

图8-144

⑨ 在【图层】面板中双击圆形图层，
然后在弹出的【图层样式】对话框
中进行参数设置，如图8-145所示。

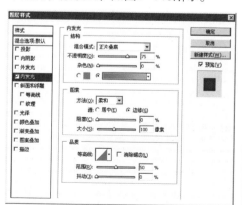

图8-145

⑩ 选择【斜面和浮雕】选项，继续在
【图层样式】对话框中进行参数设
置，如图8-146所示。

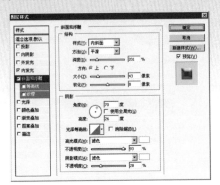

图8-146

⑪ 选择【颜色叠加】选项，继续在
【图层样式】对话框中进行参数设
置，如图8-147所示。

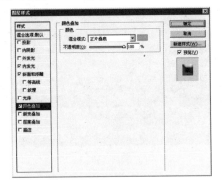

图8-147

⑫ 选择【渐变叠加】选项，继续在
【图层样式】对话框中进行参数设
置，如图8-148所示。

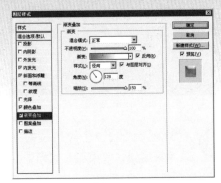

图8-148

⑫ 单击【确定】按钮，至此效果图
就完成了，最终效果如图8-149
所示。

图8-149

8.3 技艺拓展——学习图层样式 > > >

　　【图层样式】命令可以为图层上的图像增加阴影、外发光、斜面和浮雕、颜色叠加、
描边等各种不同的效果，根据需要可以利用图层样式轻松地增加立体效果。

8.3.1 图层样式对话框

　　执行菜单【图层】→【图层样式】命令，或在【图层】面板中双击需要添加图层样式
的图层，还可以单击【图层】面板底部的【添加图层样式】按钮 *fx.*，在弹出的下拉菜单
中选择效果名称，如图8-150所示。选择菜单中的命令后，会弹出【图层样式】对话框，

如图8-151所示。需要注意的是，图层样式对背景图层无效。

图8-150

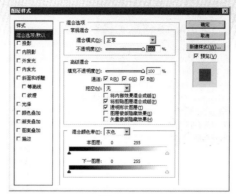

图8-151

【投影】：可以使平面的图像生成立体的效果。

【内阴影】：可以在图层内部边缘产生阴影，使图层内容看起来好像被裁剪掉的样子，制作过程同投影效果相似。

【外发光】：可以在图像外缘产生光晕效果。

【内发光】：可以在选定的图像内部产生光晕效果。

【斜面和浮雕】：可以在图层图像上直接制作出各种浮雕效果。

【光泽】：可以在当前图层图像上添加单一的色彩，使图像产生一种类似绸缎的平滑效果。

【颜色叠加】：可以在当前图层图像上添加单一的色彩。

【渐变叠加】：可以在当前图层图像上添加渐变颜色。

【图案叠加】：可以在当前图层图像上添加图案。

【描边】：可以在当前图层图像的边缘上添加边框。

8.3.2 图层样式应用

1 打开光盘中的图片文件"Chap 08/技艺拓展/木纹.jpg"，如图8-152所示。

图8-152

2 选择工具箱中的【多边形工具】 ◎，在选项栏中进行参数设置，如图8-153所示。

图8-153

3 在画面中绘制一个多角的形状，新建"图层"，将填充色设置为黑色，如图8-154所示。

图8-154

4 在【图层】面板中双击"图层1"图层，在弹出的【图层样式】对话框的【样式】列表中选择【投影】选项，并进行参数设置，如图8-155所示。

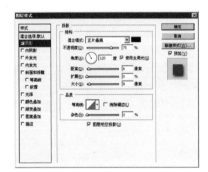

图8-155

5 继续在【图层样式】对话框的【样式】列表中选择【渐变叠加】选项，并在对话框中进行参数设置，将渐变颜色分别设置为粉色（R:255 G:95 B:177）和粉红色（R:252 G:0 B:130），如图8-156所示。

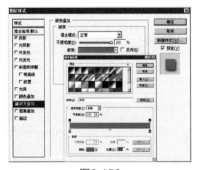

图8-156

6 单击【确定】按钮，得到的图像效果与【图层】面板如图8-157所示。

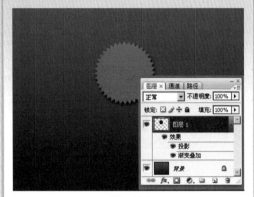

图8-157

7 选择工具箱中的【横排文字工具】 **T**，在画面中输入文字，用【钢笔工具】在画面上绘制一个黑色不规则圆形，如图8-158所示。

图8-158

8 在【图层】面板上双击"图层2"图层，在弹出的【图层样式】对话框的【样式】列表中选择【投影】项，进行参数设置，如图8-159所示。

9 继续在【图层样式】对话框的【样式】列表中选择【渐变叠加】选项，并在对话框进行参数设置，将渐变颜色分别设置为嫩绿色（R:202 G:254 B:60）和绿色（R:137 G:232 B:34），如图8-160所示。

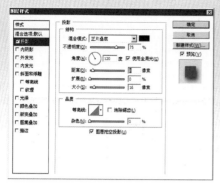

图8-159

图8-160

10 单击【确定】按钮，得到的图像效果与【图层】面板如图8-161所示。

图8-161

11 用【钢笔工具】在画面中绘制一个不规则的弧形，将其转换为选区，新建"图层3"并将其填充为黑色，如图8-162所示。

图8-162

12 在【图层】面板中双击"图层3"图层，在弹出的【图层样式】对话框的【样式】列表中选择【渐变叠加】选项，在对话框中进行参数设置，如图8-163所示。

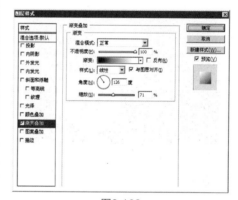

图8-163

13 单击【确定】按钮，得到的图像效果与【图层】面板如图8-164所示。

图8-164

14 打开光盘中的图片文件"Chap 08/技艺拓展/恐龙.jpg",如图 8-165所示。

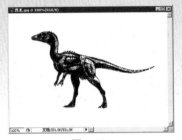

图8-165

15 用选取工具选择恐龙,选择工具箱中的【移动工具】，将恐龙拖曳到"木纹"文档中,如图8-166所示。

图8-166

16 在【图层】面板中双击"恐龙"图层,在弹出的【图层样式】对话框的【样式】列表中选择【外发光】选项,在对话框中进行参数设置,如图 8-167所示。

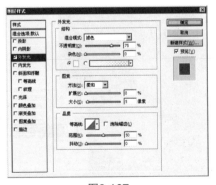

图8-167

17 继续在【图层样式】对话框的【样式】列表中选择【渐变叠加】选项,并在对话框中进行参数设置,如图8-168所示。

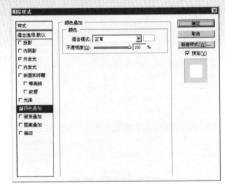

图8-168

18 单击【确定】按钮,得到的图像效果与【图层】面板如图8-169所示。

图8-169

19 打开光盘中的图片文件"Chap 08/技艺拓展/GG照片.jpg",如图 8-170所示。

图8-170

20 选择工具箱中的【移动工具】▶+，将图片拖曳到"木纹"文档中，如图8-171所示。

图8-171

21 在【图层】面板中双击"GG"图层，在弹出的【图层样式】对话框的【样式】列表中选择【投影】选项，在对话框中进行参数设置，如图8-172所示。

图8-172

22 继续在【图层样式】对话框的【样式】列表中选择【描边】选项，并在对话框中进行参数设置，如图8-173所示。

23 单击【确定】按钮，得到的图像效果与【图层】面板如图8-174所示。

图8-173

图8-174

24 按【Ctrl+J】快捷键复制图层，得到GG图层副本，并调整角度，输入文字，调整图像元素的位置，最终效果如图8-175所示。

图8-175

第4篇
鼠绘设计

鼠绘

　　鼠绘是指应用鼠标的硬件，在Photoshop等软件上进行的图像绘制过程。这里所指的硬件就是鼠标，在操作系统中对鼠标速度进行调整。Photoshop在设计方面已经改进了很多，这些改进更方便使用鼠标进行绘画。

实例
Example

插画鼠绘："时光交错的爱恋"实例

　　本实例主要介绍使用鼠标绘画的方式，利用画笔的功能制作出交错的线形来烘托主题。

游戏人物鼠绘："赤魂"实例

　　本实例介绍了从线图到上色，再到增加明暗关系进行深入，反复深入多次后，完成本实例的效果。

Painted
Design

鼠绘类案例设计

时光交错的爱恋

技艺拓展：路径应用

赤魂

技艺拓展：画笔应用

文件位置

效果：Chap 09/时光交错的爱恋.psd

Chapter 09
时光交错的爱恋 (插画)

制作要点：

▲ 本实例是一幅玄幻色彩浓重的爱情故事图片，紫色背景烘托出神秘的氛围，空中优美的线条和流星般闪烁的光束描绘出作者笔下的人物在穿梭时空时的画面。通过学习本实例，读者可以更好地掌握钢笔工具、加深/ 减淡工具、画笔工具、橡皮擦工具等的应用。

实例步骤示意图

9.1 插画知识解析 ❯❯❯

插画是绘画的一种，但又不同于一般独立欣赏性的绘画，它具有相对的独立性，又具有必要的从属性。插画师必须具备一定的绘画知识及手绘基础，不依靠文字也能根据形象本身表现一定的主题，同时又必须服从原著，成为辅助者，文字与插画是相辅相成的统一体。

9.1.1 客户对象

插画可以分为两类。一类是文艺性插画。绘制者通过选择书中有意义的人物、场景和情节，用绘画的形式表现出来，可以增加读者阅读的兴趣，使可读性和可视性结合起来，以加深对文章的理解，同时又得到不同程度的美的享受。另一类是科技及史地书籍中的插画。这类插画可以帮助读者进一步理解所介绍的知识内容，以达到文字难以表达的作用。它的形象语言应力求准确、实际并能说明问题。一个苹果的照片能帮助我们看到苹果客观的形状、颜色、结构和质感。一粒种子的说明图，不仅能再现它的形状、结构，而且能把它在土壤中发芽的过程体现出来。本章着重介绍文学插画。

文学插画可以说是文艺性插画的典型，包括了题头、尾饰、单页插画和文间插画。其表现形式多种多样：有水墨画、白描、油画、素描、版画（木刻、石版画、铜版画、丝网画）、水粉、水彩、漫画等，有写实的也有装饰性的。随着时代的发展，插画不再只有手绘的表现方式了，电脑绘画也成为了插画师最便捷常用的手法。创作的过程在于对原著的理解，不但要了解具体内容和要求，了解原作的主题精神，还要通过深入阅读原著，弄清原著是中国文学还是外国文学，是古典文学还是儿童文学，是小说、散文、诗歌，还是童话、寓言、笑话，原著风格是粗犷豪放、细腻严谨，还是热情活泼、纯朴深沉，还要了解原著中所描写的历史时代、人物形象、服饰道具、日常习俗、建筑环境等。实例如图9-1、图9-2所示。读者则可以通过视觉形象资料加深对原著的理解，因为文学是语言的艺术，而美术是视觉的艺术，没有文学中所描写的生活体验，就很难在画面中体现文学的内容。

图9-1

图9-2

9.1.2 设计宗旨

　　设计插画时应查阅有关资料,如分析与对象民族或时代相近的绘画、雕塑、建筑、工艺品,以及各种文物资料,将各种信息联系起来,加以综合研究,找出亮点,并以此为依据,按原著要求确定作品的基调,将其贯穿于全部画幅中。

　　这样将书中的形象、资料中的形象,再加上自己的想像,各种资料综合到一起,才能做到心中有底,才能表现深入。同时这也是一种个人的积累不断提高的方法,可以为以后的创作打好基础。一般情况下一本书只安排几幅插画,数量上的限制需要插画师能够通过一幅插画抓住一段文字情节内容的主题,将最具有典型意义的文字内容,并适合于绘画表现的情节表现出来。实例如图9-3、图9-4所示。

图9-3 图9-4

9.1.3 色彩运用

　　紫色是由红色和蓝色调和而成的,紫色是较难调配的一种颜色,有无数种明暗和色调可以选择,或冷、或暖,似乎从来没有人找到一种"合适的紫色"。有时候蓝色看起来偏紫,有时候栗色看起来也像紫色,有时候品红也像紫色,当然反之亦然。

　　紫色似乎是色环上最消极的色彩。尽管它不像蓝色那样冷,但红色的渗入使它显得复杂、矛盾。它处于冷暖之间游离不定的状态,再加上它低明度的性质,也许就构成了这一色彩在心理上引起的消极感。与黄色不同,紫色可以容纳许多淡化的层次,暗的纯紫色只要加入少量的白色,就会成为一种十分优美、柔和的色彩。随着白色的不断加入,也会不断地产生出多层次的淡紫色,而每一层次的淡紫色,都显得很柔美、动人。本例采用的颜色及色值如图9-5所示。

主色调	辅色调	点睛色	背景色
C:70 M:65 Y:40 K:80	C:20 M:30 Y:90 K:0	C:20 M:70 Y:90 K:0	C:100 M:100 Y:100 K:100
	C:70 M:20 Y:100 K:0	C:100 M:100 Y:10 K:0	
		C:0 M:30 Y:30 K:0	

图9-5

Tips – 提示·技巧

　　1. 紫色+黄色：黄色是紫色强度最高的对比色，主、辅色面积的大小不同是形成视觉冲击力的主要原因。
　　2. 紫色+粉红色：粉红色主要用于女性特征，从明亮到浅白色调的粉红色能够表现出可爱、乖巧的感觉。

9.2　插画技术解析 > > >

　　制作要点：本实例主要使用钢笔工具、图层样式命令、亮度/对比度命令、画笔工具、渐变工具、蒙版工具等功能来进行制作。

　　制作尺寸：根据书的尺寸来制定插画的尺寸大小，本实例采用的尺寸为横版。

9.2.1　选择素材

　　"这一切错就错在我打开了那个'时光之盒'，回到了不该有我存在的年代，还爱上了不该爱的人。"

　　"回到古代——太荒唐了吧！她，一个生活在二十世纪末的女子，如何去适应那种无法想像的古老生活？没有汽车，没有电灯，在封建社会的年代，当她全心投入于乱世，誓要为心爱的人改变的时候，命运却再一次戏弄了她，让她又回到了现代。"

　　每本阅读物在文字上都会给人描述出一个故事，插画设计就是要根据文字内容定位，将故事的主题表现出来，本例的插画属于鼠绘的一种，所以没有需要的素材。

9.2.2 操作步骤

步骤1 制作背景

1 按【Ctrl+N】快捷键执行【新建】命令，在弹出的对话框中进行参数设置，得到一个新文件命名为"时光交错的爱恋"，如图9-6所示。

图9-6

2 选择工具箱中的【渐变工具】 ■，在【渐变编辑器】中将渐变颜色分别设置为粉红色（R:252 G:45 B:170），蓝色（R:48 G:39 B:86）和深蓝色（R:8 G:21 B:38），如图9-7所示。

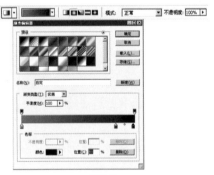

图9-7

3 在画面中从中间向右侧进行拖曳，得到一个渐变的效果。选择工具箱中的【椭圆选框工具】 ○，在画面中选取一个圆形，如图9-8所示。

Tips – 提示·技巧

对【渐变编辑器】对话框内的【渐变类型】的色值进行设置，单击【新建】按钮，可以将调整后的渐变色添加到当前的【预设】效果。

图9-8

4 按【Ctrl+Alt+D】快捷键执行【羽化】命令，在弹出的对话框中进行参数设置，单击【确定】按钮，如图9-9所示。

图9-9

5 选择工具箱中的【渐变工具】 ■，在【渐变编辑器】中将渐变颜色分别设置为蓝色（R:73 G:6 B:208）和粉色（R:179 G:39 B:188），如图9-10所示。

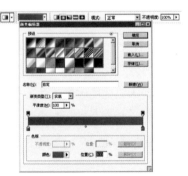

图9-10

6 新建"图层1"，在选区中从中心向边缘进行拖曳，得到一个渐变的效果，按【Ctrl+D】快捷键取消选区，并移动位置，如图9-11所示。

图9-11

7 再次制作一个羽化后的选区，新建"图层2"，设置前景色为粉色（R:252 G:57 B:185），按【Alt+Delete】快捷键填充前景色，如图9-12所示。

图9-12

8 在【图层】面板中将"图层2"的图层【不透明度】设置为"50%"，如图9-13所示。

图9-13

9 选择工具箱中的【画笔工具】，在选项栏中设置工具属性，如图9-14所示。新建"图层3"，设置前景色为蓝色（R:2 G:45 B:76），在画面中进行绘制，如图9-15所示。

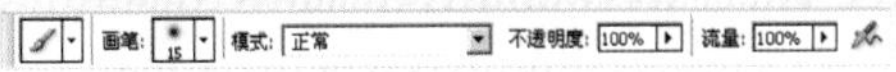

图9-14

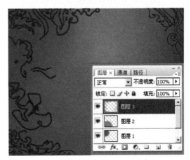

图9-15

10 在【图层】面板中将"图层3"的图层【不透明度】设置为"25%"，如图9-16所示。

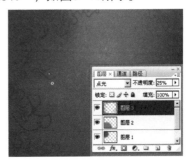

图9-16

11 选择工具箱中的【钢笔工具】，在画面中绘制一条线段，如图9-17所示。

图9-17

12 设置前景色为浅蓝色（R:86 G:192 B:240），选择工具箱中的【画笔工具】 ✎，设置工具属性如图9-18所示。

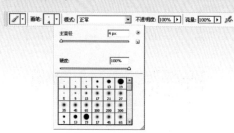

图9-18

13 新建"图层4"，如图9-19所示。在【路径】面板的底部单击【用画笔描边路径】按钮 ○，如图9-20所示。

图9-19　　图9-20

14 此时画面中就会出现一条沿着路径绘制的蓝色线段，如图9-21所示。

图9-21

15 根据刚才的方法制作出多条线段，如图9-22所示。

Tips – 提示·技巧

在画面中隐藏路径的方法就是在【路径】面板的空白处单击即可。

图9-22

16 选择工具箱中的【画笔工具】 ✎，并设置其属性，如图9-23所示。

图9-23

17 单击【图层】面板底部的【添加图层蒙版】按钮 ■，用【画笔工具】在不需要的图形部分进行涂抹，隐藏不需要的部分，如图9-24所示。

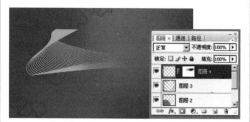

图9-24

步骤2　制作人物外形

1 选择工具箱中的【钢笔工具】 ◊，在画面中勾勒出人物头发的外轮廓，如图9-25所示。

图9-25

2 按【Ctrl+Enter】快捷键将路径转换为选区，如图9-26所示。

图9-26

3 新建图层并重命名为"头发轮廓"，设置前景色为红色（R:228 G:51 B:80），按【Alt+Delete】快捷键填充前景色，并按【Ctrl+D】快捷键取消选区，如图9-27所示。

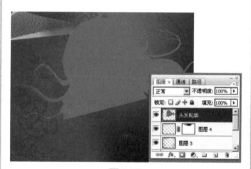

图9-27

4 用【钢笔工具】在画面中勾勒出人物头部、颈部和上身的外轮廓，如图9-28所示。

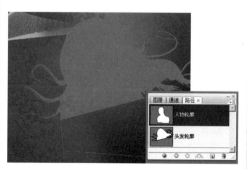

图9-28

5 按【Ctrl+Enter】快捷键将路径转换为选区，并按【Delete】键删除选区内的图像，如图9-29所示。

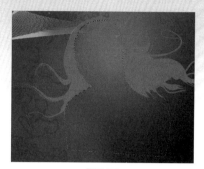

图9-29

6 新建图层"人物轮廓"，设置前景色为浅黄色（R:250 G:210 B:141），按【Alt+Delete】快捷键填充前景色，并按【Ctrl+D】快捷键取消选区，如图9-30所示。

图9-30

7 选择工具箱中的【渐变工具】▭，参数设置如图9-31所示。

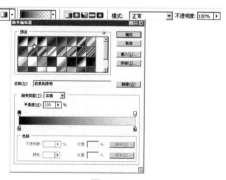

图9-31

8 为"人物轮廓"图层添加蒙版，并从下向上进行拖曳，将下面的图像自然遮盖住，如图9-32所示。

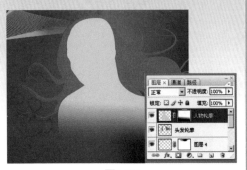

图9-32

9 用【钢笔工具】在画面中绘制出颈部阴影的轮廓，如图9-33所示。

图9-33

10 按【Ctrl+Enter】快捷键将路径转换为选区，新建图层"颈部阴影"，设置前景色为皮肤色（R:239 G:176 B:135），按【Alt+Delete】快捷键填充前景色，如图9-34所示。

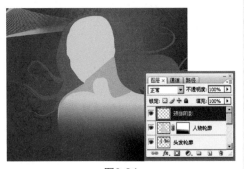

图9-34

11 用【钢笔工具】绘制出头部的轮廓，如图9-35所示。

图9-35

12 按【Ctrl+Enter】快捷键将路径转换为选区，新建图层"脸部轮廓"，设置前景色为淡粉色（R:254 G:239 B:232），按【Alt+Delete】快捷键填充前景色，如图9-36所示。

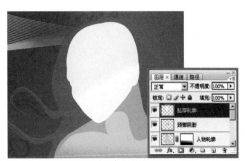

图9-36

步骤3 制作人物细节

1 用【钢笔工具】绘制出面部阴影的轮廓，如图9-37所示。按【Ctrl+Enter】快捷键将路径转换为选区。

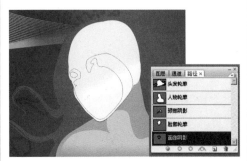

图9-37

2 选择工具箱中的【渐变工具】 ▣.，
将渐变颜色分别设置为浅粉色
（R:252 G:184 B:194）和浅黄色（R:249
G:205 B:142），如图9-38所示。

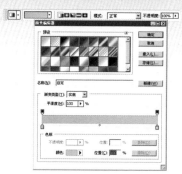

图9-38

3 在选区中进行拖曳，得到一个渐变
的效果，按【Ctrl+D】快捷键取消
选区，如图9-39所示。

图9-39

4 选择【画笔工具】并设置画笔属
性，如图9-40所示，在眼眶部
分进行涂抹，使眼眶边缘柔和些，如图
9-41所示。

图9-40

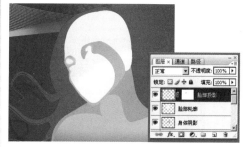

图9-41

5 用【钢笔工具】绘制出眉毛的轮
廓，如图9-42所示。

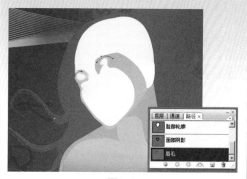

图9-42

6 按【Ctrl+Enter】快捷键将路径转
换为选区，新建图层"眉毛"，
设置前景色为深红色（R:103 G:17
B:42），按【Alt+Delete】快捷键填充前
景色，如图9-43所示。

图9-43

7 用【钢笔工具】绘制出鼻子的轮
廓，如图9-44所示。

图9-44

8 按【Ctrl+Enter】快捷键将路径转换为选区，新建图层"鼻子阴影"，设置前景色为浅黄色（R:254 G:214 B:178），按【Alt+Delete】快捷键填充前景色，如图9-45所示。

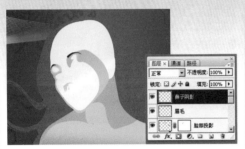

图9-45

9 用【钢笔工具】绘制鼻子阴影的轮廓，按【Ctrl+Enter】快捷键转换为选区，新建图层"鼻子阴影2"，填充颜色为粉色（R:253 G:155 B:144），如图9-46所示。

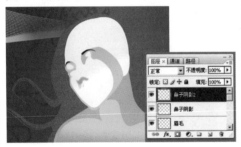

图9-46

10 用【钢笔工具】绘制鼻孔的轮廓，按【Ctrl+Enter】快捷键转换为选区，新建图层"鼻孔"，并填充红色（R:175 G:33 B:57），如图9-47所示。

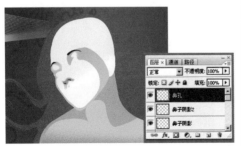

图9-47

11 绘制牙齿的轮廓，按【Ctrl+Enter】快捷键转换为选区，新建图层"牙齿"，并填充淡黄色（R:245 G:255 B:205），如图9-48所示。

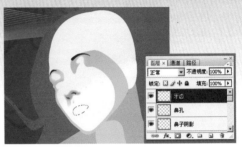

图9-48

12 绘制嘴唇的轮廓，按【Ctrl+Enter】快捷键转换为选区，新建图层"嘴唇"，并填充红色（R:238 G:24 B:69），如图9-49所示。

图9-49

13 选择工具箱中的【减淡工具】，在选项栏中设置其属性，如图9-50所示。在嘴唇的亮部进行涂抹，如图9-51所示。

图9-50

图9-51

⑭ 绘制嘴唇高光的轮廓，按【Ctrl+Enter】快捷键转换为选区，新建图层"嘴唇高光1"，并填充粉黄色（R:247 G:131 B:94），如图9-52所示。

图9-52

⑮ 在【图层】面板中将"嘴唇高光1"图层的【不透明度】设置为"55%"，如图9-53所示。

图9-53

⑯ 选择工具箱中的【减淡工具】 ，并在嘴唇的亮部进行涂抹，如图9-54所示。

图9-54

⑰ 再次绘制嘴唇高光的轮廓，按【Ctrl+Enter】快捷键转换为选区，新建图层"嘴唇高光2"，并填充浅

黄色（R:253 G:235 B:153），这样嘴唇的质感才更真实，如图9-55所示。

图9-55

⑱ 绘制头部阴影的轮廓，按【Ctrl+Enter】快捷键转换为选区，新建图层"头部阴影"，并填充浅粉色（R:252 G:192 B:181），调整图层【不透明度】为"58%"，如图9-56所示。

图9-56

⑲ 绘制眼睛的轮廓，按【Ctrl+Enter】快捷键转换为选区，新建图层"眼睛轮廓"，填充深红色（R:103 G:17 B:42），调整图的【不透明度】为"58%"，如图9-57所示。

图9-57

20 绘制眼球的轮廓，按【Ctrl+Enter】快捷键转换为选区，新建图层"球"，填充红色（R:230 G:17 B:39）。使用【减淡工具】减淡亮部，如图9-58所示。

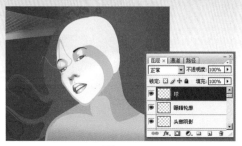

图9-58

21 绘制瞳孔的轮廓，按【Ctrl+Enter】快捷键转换为选区，新建图层"瞳孔"，并填充深褐色（R:43 G:1 B:11），如图9-59所示。

图9-59

22 绘制头发的部分轮廓，按【Ctrl+Enter】快捷键转换为选区，新建图层"头发轮廓2"，并填充粉红色（R:243 G:76 B:102），如图9-60所示。

图9-60

23 选择工具箱中的【渐变工具】■.，将渐变颜色分别设置为浅黄色（R:255 G:244 B:190）和浅粉色（R:253 G:162 B:127），如图9-61所示。

图9-61

24 绘制头发亮部的轮廓，按【Ctrl+Enter】快捷键转换为选区，新建图层"头发轮廓3"，拖曳出渐变效果，如图9-62所示。

图9-62

25 选择工具箱中的【渐变工具】■.，参数设置如图9-63所示。

图9-63

26 在脸部不需要的头发处进行拖曳，隐藏头发，如图9-64所示。

图9-64

27 绘制头发细部的轮廓，按【Ctrl+
Enter】快捷键转换为选区，新建
图层"头发碎"，并填充粉色（R:253
G:120 B:123），如图9-65所示。

图9-65

28 选择工具箱中的【渐变工具】▣，
将渐变颜色分别设置为米黄色
（R:253 G:245 B:220）和浅黄色（R:255
G:233 B:160），如图9-66所示。

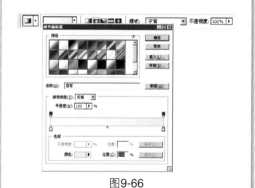

图9-66

29 绘制头发细节亮部的轮廓，按
【Ctrl+Enter】快捷键转换为选

区，新建图层"头发碎2"，拖曳出渐变
效果，如图9-67所示。

图9-67

步骤4 添加光束

1 新建"图层5"，将前景色设置为
蓝色（R:115 G:167 B:230），用
【钢笔工具】绘制出多条路径，并描边
路径，得到如图9-68所示的效果。

图9-68

2 在【图层】面板中双击"图层5"
的图层缩略图，在弹出的【图层样
式】对话框中进行参数设置。在【渐变编
辑器】中分别将渐变颜色设置为米黄色
（R:251 G:243 B:188）、浅黄色（R:252
G:238 B:146）和浅蓝色（R:167 G:254
B:247），如图9-69所示。

3 单击【确定】按钮，得到的图像效
果与【图层】面板如图9-70所示。

图9-69

图9-70

④ 为"图层5"添加图层蒙版，使用【画笔工具】在两边部分涂抹，如图9-71所示。

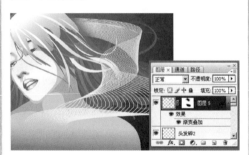

图9-71

⑤ 将"图层5"的【不透明度】设置为"90％"，如图9-72所示。

图9-72

⑥ 新建"图层6"，保持前景色为蓝色，使用【钢笔工具】绘制出多条路径，并描边路径，得到如图9-73所示的效果。

图9-73

⑦ 在【图层】面板中双击"图层6"的图层缩略图，在弹出的【图层样式】对话框中进行参数设置，在【渐变编辑器】中分别将渐变颜色设置为浅黄色（R:249 G:236 B:185），浅粉色（R:236 G:185 B:249），粉白色（R:252 G:238 B:253）和蓝色（R:116 G:182 B:244），如图9-74所示。

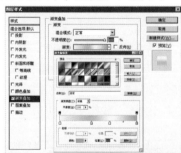

图9-74

⑧ 单击【确定】按钮，得到的图像效果与【图层】面板如图9-75所示。

图9-75

9 为图层6增加图层蒙版，使用画笔工具，在两边部分涂抹，如图9-76所示。

图9-76

10 将"图层6"的【不透明度】设置为"65%"，如图9-77所示。

图9-77

11 新建"图层7"，保持前景色为蓝色，绘制出多条路径，并描边路径，如图9-78所示。

图9-78

12 在【图层】面板中双击"图层7"的图层缩略图，在弹出的【图层样式】对话框中进行参数设置，如图9-79所示。

图9-79

13 在【样式】列表中选择【渐变叠加】选项，继续在【图层样式】对话框中进行参数设置，将渐变颜色分别设置为蓝色（R:44 G:44 B:223）和粉色（R:214 G:111 B:252），如图9-80所示。

图9-80

14 单击【确定】按钮，得到的图像效果与【图层】面板如图9-81所示。

图9-81

15 为"图层7"添加图层蒙版，使用【画笔工具】在两边部分涂抹，如图9-82所示。

图9-82

16 设置画笔属性,如图9-83所示。新建"图层8",并在画面中绘制曲线,如图9-84所示。

图9-83

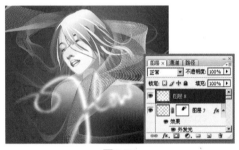

图9-84

17 在【图层】面板中将"图层8"的图层混合模式设置为【溶解】,将【不透明度】设置为"50%",如图9-85所示。

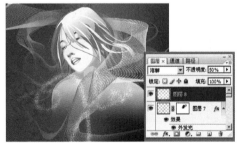

图9-85

18 新建"图层9",再次绘制一条曲线,如图9-86所示。

图9-86

19 在选项栏中设置画笔属性,如图9-87所示。

图9-87

20 新建"图层10",并在画面中曲线的尾部单击鼠标绘制出多个圆点,如图9-88所示。

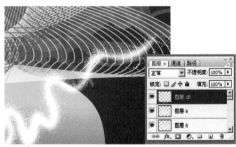

图9-88

21 在工具选项栏中单击【切换画笔调板】按钮,在弹出的对话框中选择画笔笔尖形状,如图9-89所示。继续在【画笔预设】列表中选择【形状动态】选项,并在对话框中进行参数设置,如图9-90所示。

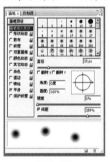

图9-89

图9-90

22 新建"图层11"，绘制出多个不同大小的圆点，如图9-91所示。

图9-91

23 选择【文字工具】在画面右下角添加文字，最终效果如图9-92所示。

图9-92

9.3 技艺拓展——绘制路径

绘制路径时，首先要熟悉绘制路径的工具，其中包括了【钢笔工具】、【自由钢笔工具】、【添加锚点工具】、【删除锚点工具】和【转换点工具】等。

9.3.1 路径的基本概念

路径包含了两个组成部分，一种是"锚点"，它定义了每条路径段的起点和终点；另一种是锚点间的路径段，它可以是直线也可以曲线。路径就是许多锚点和路径段连接组合而成的。

拖动方向点可以改变方向线的长短和方向，而方向线的改变直接影响着路径段的方向和弧度，方向线始终与路径段保持相切关系。锚点被选中时为实心方块，否则为空心，它分为曲线点和角点。当调整曲线点的一侧方向线时，该点另一侧的方向线会同时做对称运动。而当调整角点的一侧方向线时，则只调整与该方向线同一侧的路径，另一侧路径段不受影响，也就是说角点两侧伸出的方向点具有相对独立性。按住【Alt】键，调整曲线点一侧的方向线，则此曲线点变为角点的属性。

9.3.2 路径应用

1 打开光盘中的图片文件"Chap 09/技艺拓展/帽子.jpg",如图9-93所示。

图9-93

2 选择工具箱中的【钢笔工具】 ,在画面中勾勒出帽子的外轮廓,如图9-94所示。

图9-94

3 双击【路径】面板中的"工作路径",在弹出的对话框中使用默认值,单击【确定】按钮,如图9-95所示。

图9-95

4 在【路径】面板底部单击【将路径作为选区载入】按钮 ,如图9-96所示。

图9-96

5 打开光盘中的图片文件"Chap 09/技艺拓展/底图.jpg",如图9-97所示。

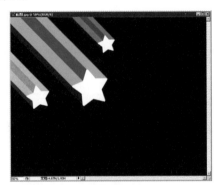

图9-97

6 选择工具箱中的【移动工具】 ,将选区内的帽子拖曳到"底图"文档中,如图9-98所示。

图9-98

7 按【Ctrl+M】快捷键执行【曲线】命令,在弹出的对话框中进行参数设置,如图9-99所示。

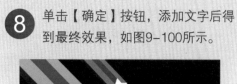

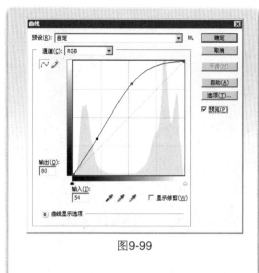

图9-99

8 单击【确定】按钮，添加文字后得到最终效果，如图9–100所示。

图9-100

文件位置

原始：Chap 10/背景图.jpg
Chap 10/红飘带.jpg
……
效果：Chap 10/赤魂.psd
Chap 10/赤魂效果图.psd

Chapter 10
赤魂（游戏人物）

制作要点：

▲ 本实例是以汉民族抗击匈奴的历史故事为蓝本策划的游戏，
背景上舞动的红丝绸烘托出人物的英雄气概。绘制的过程可
使读者清晰地了解游戏原创人物从线图到增加明暗，再到深
入的色彩调整，直到完成本实例效果的全过程。

实例步骤示意图

10.1 游戏人物原画知识解析

　　游戏美术设计师正在日渐成为一个让人羡慕的职业。原画设计师在整个游戏美术设计工作中主要完成游戏概念设计和原画设定的工作，为后期的游戏美术制作提供依据。原画师的工作决定了一款游戏的美术风格，有着举足轻重的作用。因此，成为一名原画师也是很多年轻游戏人为之奋斗的目标。

　　然而成为一名优秀的原画师并非易事，这个职位不仅对美术功底有极为严格的要求，还需要对生活有敏锐的观察力，丰富的想象力，以及出色的沟通和协作能力。

10.1.1 客户对象

　　国外著名的游戏公司发掘并培养一名游戏原画师一般需要1~2年以上的时间。在这个过程中，除了游戏项目的实践经验积累之外，还有系统的培训，包括一些制作的技巧，特殊的技法，游戏开发中特有的规范等。

　　游戏行业在中国的起步较晚，各大高校很少有相关方面的专业课程，而国内的游戏企业又更倾向于聘用成熟的原画师，缺乏培养新人的耐心。许多有天赋的年轻人虽然具备了扎实的美术基础，具有很好的潜力，一心想成为一名原画师，却苦于无法接触到游戏行业的专业知识，只能徘徊于门外。有人认为，在21世纪，游戏已经成为继文学、戏剧、建筑、电影、绘画、雕塑、音乐、舞蹈之后的第九大艺术，这一观念正日渐为人们所接受。

　　在国外，伴随着每一款著名游戏的发布，美轮美奂的游戏原画集也会出版上市。可见人们已经逐渐接受了这一艺术形式，游戏美术作品被看做一种艺术品逐渐形成了市场。一些著名的游戏原画大师创造的游戏形象逐渐在年轻一代心中扎根，像某些文学和影视作品中深入人心的角色那样，逐渐成为经典。实例如图10-1和图10-2所示。

图10-1

图10-2

10.1.2 设计宗旨

做任何事情，把开始的准备工作规划好是非常重要的。绘画、创作也一样，要有良好的作画习惯。一般设计者会首先将构思的草图绘制出来，至于草图构思的精细度，还要依个人的习惯和喜好来定。例画如图10-3和图10-4所示。

图10-3   图10-4

10.1.3 色彩运用

红色是热烈、冲动、强有力的色彩，它能强化肌肉的机能，使血液循环加快。由于红色容易引起注意，所以在各种媒体中也被广泛地利用，除了具有较佳的明视效果之外，更被用来传达活力、积极、热诚、温暖、前进等涵义的形象与精神。金色象征高贵、光荣、华贵、辉煌。 在中国，金色是高贵的象征。 世界上大多数国家的皇族颜色都是以金色为基调。本例采用的颜色及色值如图10-5所示。

主色调　　　　　　辅色调　　　　　　　点睛色　　　　　　　背景色
C:31 M:35 Y:71 K:0　　C:25 M:94 Y:98 K:0　　C:10 M:42 Y:55 K:0　　C:60 M:80 Y:100 K:40
　　　　　　　　　　C:54 M:87 Y:100 K:36　　C:13 M:27 Y:38 K:0
　　　　　　　　　　　　　　　　　　　　　C:15 M:16 Y:27 K:0

图10-5

Tips – 提示·技巧

1. 褐色+金色：褐色给人成熟、稳重的感觉，金色是尊贵神圣的。
2. 褐色+红色：激情中的理智韵味。
3. 褐色+黄色：从沉闷中走向光明。

10.2 游戏人物原画技术解析

制作要点：本实例主要使用描边命令、钢笔工具、加深减淡、亮度/对比度命令、画笔工具、渐变工具和蒙版工具等功能来进行制作。

制作项目：游戏人物原画包括人物角色设计（包括正面、背面、侧面），场景设计，服装道具设计，后期制作，3D建模，材质，角色动作设计等。

10.2.1 选择素材

"匈奴是我国北方的一个古老的游牧民族，大约在战国中期，匈奴已经迁居到长城以北地区。匈奴人擅长骑马射箭，民风镖悍，在秦朝末年，部落头领单于开始统一各部落，建立政权，进入了奴隶制社会。他下令战争俘虏归获者所有，所以作战时匈奴士兵人人争先，镖勇强悍。

赤魂描述的是汉民族抗击匈奴的战争历史。

汉武帝继位后第一个要对付的就是北面危险的强敌——匈奴。汉武帝在小的时候就感到匈奴的潜在威胁，暗下决心，长大之后解决这个困扰汉帝国七十余年的强劲对手。汉武帝继位后，一改以往对匈奴的妥协和亲政策，采取了急风暴雨般的凌厉攻势，以武力换来了北部边疆的安宁，成为汉代解决匈奴问题最有成效的帝王。

根据这些叙述，本实例选择的素材如图10-6和图10-7所示。通过Photoshop中的操作技巧和巧妙的结合设计出了符合主题的原画人物设计。

图10-6

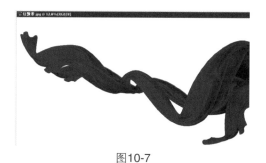

图10-7

10.2.2 操作步骤

步骤1 制作线稿

1 按【Ctrl+N】快捷键执行【新建】命令，在弹出的对话框中进行参数设置，得到一个新文件命名为"赤魂"，如图10-8所示。

图10-8

2 打开光盘中的图片文件"Chap 10/手绘草稿.jpg"，如图10-9所示。

图10-9

3 选择工具箱中的【移动工具】，将"手绘草稿"拖曳到"赤魂"文档中并将图层重命名为"人物草稿"，按【Ctrl+T】快捷键调出自由变换框，调整图形的大小，如图10-10所示。

4 选择工具箱中的【钢笔工具】，在画面上根据手绘草稿的线条，勾勒出人物身体及衣服细节部分的线条并为人物增加双脚和手中的一柄红缨枪，

此时【路径】面板中会出现一个工作路径，如图10-11所示。

图10-10

图10-11

5 在【图层】面板中单击"人物草稿"图层前面的【指示图层可见性】按钮，隐藏草稿图层，如图10-12所示。图像效果如图10-13所示。

图10-12 　　　　图10-13

6 选择工具箱中的【路径选择工具】，
选取路径，如图10-14所示。

7 按【Ctrl+T】快捷键调出变换框，
进行旋转，调整角度，如图10-15
所示。

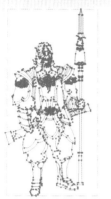 

图10-14　　　　　图10-15

8 选择工具箱中的【画笔工具】，
在工具选项栏中进行参数设置，如
图10-16所示。

图10-16

9 新建图层"人物描边"，在【路
径】面板中单击【用画笔描边路
径】按钮，得到描边后的人物轮廓，
如图10-17所示。

图10-17

10 新建图层"底色"，将前景色设置
为深绿色（R:48 G:66 B:68），按
【Alt+Delete】快捷键填充前景色，如图
10-18所示。

图10-18

步骤2　绘制明暗

1 选择工具箱中的【画笔工具】，
在工具选项栏中进行参数设置，如
图10-19所示。

图10-19

2 将前景色设置为浅灰色（R:127
G:113 B:105），新建图层并重命
名为"人物底色"，按【Alt+Delete】快
捷键填充前景色，如图10-20所示。

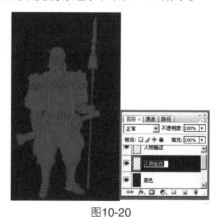

图10-20

3 新建图层"人物亮部"，并将前景色设置为浅灰色，绘制出人物的亮度，如图10-21所示。

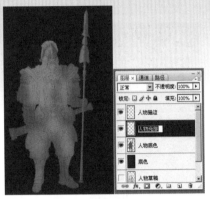

图10-21

4 设置不同的前景色，使用【画笔工具】绘制头部的明暗面，如图10-22所示。

5 使用【画笔工具】绘制出人物其他部位的明暗面，如图10-23所示。

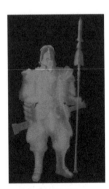

图10-22　　　　　图10-23

6 使用【画笔工具】在人物的头部进一步涂抹，增加明暗与细节，如图10-24所示。

7 使用【画笔工具】在人物的右肩盔甲部分进一步涂抹，增加明暗与细节，如图10-25所示。

图10-24

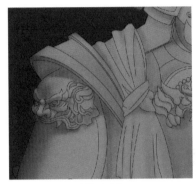

图10-25

8 使用【画笔工具】在人物的胸前盔甲部分进一步涂抹，增加明暗与细节，如图10-26所示。

图10-26

9 使用【画笔工具】在人物的左肩盔甲部分进一步涂抹，增加明暗与细节，如图10-27所示。

图10-27

10 使用【画笔工具】在人物其他部位进一步涂抹，增加明暗与细节，如图10-28所示。

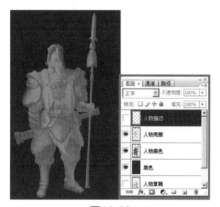

图10-28

11 使用【画笔工具】在人物脸部再进一步涂抹，增加明暗与细节，如图10-29所示。

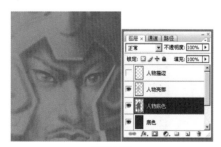

图10-29

12 按【Ctrl+M】快捷键执行【曲线】命令，在对话框中进行参数设置，如图10-30所示。

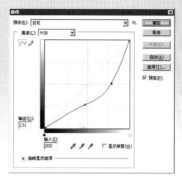

图10-30

13 单击【确定】按钮，得到的图像效果如图10-31所示。

图10-31

14 选择工具箱中的【画笔工具】，根据需要进行画笔的属性设置，如图10-32所示。在人物上半身进行深入涂抹，如图10-33所示。

图10-32

图10-33

15 绘制铠甲局部的细节，图像效果如图10-34和图10-35所示。

图10-34　　　　　图10-35

16 按【Ctrl+M】快捷键执行【曲线】命令，在弹出的对话框中进行参数设置，如图10-36所示。

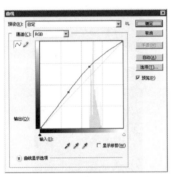

图10-36

17 单击【确定】按钮，得到的图像效果如图10-37所示。

图10-37

步骤3 添加颜色

1 选择工具箱中的【多边形套索工具】，在画面中选取相关的部位，如图10-38所示。

图10-38

2 按【Ctrl+U】快捷键执行【色相/饱和度】命令，在弹出的对话框中进行参数设置，如图10-39所示。

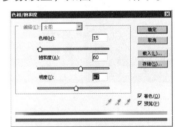

图10-39

3 单击【确定】按钮，得到的图像效果如图10-40所示。

图10-40

④ 选择工具箱中的【多边形套索工具】，在画面中选取相关的部位，如图10-41所示。

图10-41

⑤ 按【Ctrl+U】快捷键执行【色相/饱和度】命令，在弹出的对话框中进行参数设置，如图10-42所示。

图10-42

⑥ 单击【确定】按钮，得到的图像效果如图10-43所示。

图10-43

⑦ 选择工具箱中的【多边形套索工具】，在画面中选取相关的部位，如图10-44所示。

图10-44

⑧ 按【Ctrl+U】快捷键执行【色相/饱和度】命令，在弹出的对话框中进行参数设置，如图10-45所示。

图10-45

⑨ 单击【确定】按钮，得到的图像效果如图10-46所示。

图10-46

10 选择工具箱中的【多边形套索工具】，在画面中选取相关的部位，如图10-47所示。

图10-47

11 按【Ctrl+U】快捷键执行【色相/饱和度】命令，在弹出的对话框中进行参数设置，如图10-48所示。

图10-48

12 单击【确定】按钮，得到的图像效果如图10-49所示。

图10-49

步骤4 绘制细节

1 设置不同的前景色色值，根据需要使用【画笔工具】绘制人物面部细节，如图10-50所示。

2 用【画笔工具】绘制胸前的铠甲细节，如图10-51所示。

图10-50　　　　　　　图10-51

3 用【画笔工具】绘制其他部位的细节部分，如图10-52所示。

图10-52

4 设置不同的前景色色值，再次深入细节，根据需要使用【画笔工具】绘制人物头部细节，如图10-53所示。

图10-53

5 绘制其他部位的细节部分，如图10-54所示。

图10-54

6 设置不同的前景色色值，根据需要使用【画笔工具】绘制上半身的细节效果，如图10-55所示。

7 绘制中间部位的细节效果，如图10-56所示。

图10-55

图10-56

8 绘制其他部位的细节部分，此时人物就完成了，如图10-57所示。

图10-57

步骤5 制作游戏人物效果图

1 按【Ctrl+N】快捷键执行【新建】命令，在弹出的对话框中进行参数设置，得到一个新文件命名为"赤魂效果图"，如图10-58所示。

图10-58

2 打开光盘中的图片文件"Chap 10/背景图.jpg"，如图10-59所示。

图10-59

3 选择工具箱中的【移动工具】▸⊹，将背景图拖曳到"赤魂"文档中，如图10-60所示。

图10-60

4 打开光盘中的图片文件"Chap 10/红飘带.jpg"，如图10-61所示。

图10-61

5 选择工具箱中的【魔棒工具】，在白色背景上单击，按【Ctrl+Shift+I】快捷键执行【反向】命令，如图10-62所示。

图10-62

6 选择工具箱中的【移动工具】，将红飘带拖曳到"赤魂效果图"文档中，如图10-63所示。

图10-63

7 将人物拖曳到"赤魂效果图"文档中，如图10-64所示。

图10-64

8 再次拖曳红飘带到"赤魂效果图"文档中，如图10-65所示。

图10-65

9 打开光盘中的图片文件"Chap 10/背景图.jpg"，如图10-66所示。

图10-66

10 选择工具箱中的【移动工具】，将背景图拖曳到"赤魂"文档中，将图层重命名为"肌理纹"，如图10-67所示。

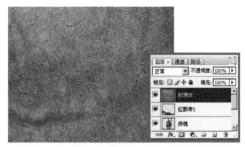

图10-67

11 在【图层】面板中将"肌理纹"的图层混合模式设置为【亮光】，【不透明度】设置为"30％"，如图10-68所示。

图10-68

12 选择工具箱中的【横排文字工具】**T**，在画面中输入文字，并在【字符】面板中进行参数设置，如图10-69所示，图像效果与【图层】面板如图10-70所示。

图10-69

图10-70

13 在【图层】面板中双击文字图层，在弹出的【图层样式】对话框中进行参数设置，如图10-71所示。

14 单击【确定】按钮，得到的图像效果与【图层】面板如图10-72所示。

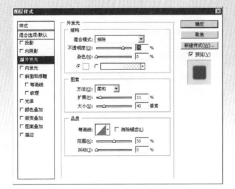

图10-71

图10-72

15 输入辅助文字，并添加相同的图层样式，如图10-73所示。

图10-73

16 选择工具箱中的【圆角矩形工具】□，在工具选项栏中进行参数设置，如图10-74所示。

图10-74

17 在画面中文字旁边绘制出一个圆角矩形，如图10-75所示。

图10-75

18 按【Ctrl+Enter】快捷键将路径转换为选区，并填充红色（R:190 G:40 B:28），如图10-76所示。

图10-76

19 选择工具箱中的【横排文字工具】 T，在色块上输入文字，如图10-77所示。

图10-77

20 按【Ctrl】键单击文字图层的缩略图，获取文字选区，如图10-78所示。

21 关闭文字预览，选择"图层1"，按【Delete】键删除选区内的颜色，如图10-79所示。

图10-78

图10-79

22 为色块增加与文字相同的图层样式，如图10-80所示。

图10-80

23 此时游戏人物的最终效果图就完成了，如图10-81所示。

图10-81

10.3 技艺拓展——学习画笔工具

使用【画笔工具】✐，通过在工具选项栏中进行参数设置，可以在图像上绘出多种笔触，其笔触效果由画笔属性所控制。

10.3.1 画笔工具的选项栏

选择【画笔工具】后，界面上方就会出现画笔的工具选项栏，如图10-82所示。单击工具选项栏中【画笔】后面的工具条，即可出现一个【画笔】面板，如图10-82所示。在面板中可以设置画笔的直径大小、形状以及画笔边缘的软硬程度。

图10-82

10.3.2 画笔应用

1 按【Ctrl+N】快捷键执行【新建】命令，在弹出的对话框中进行参数设置，单击【确定】按钮，得到一个新文件命名为"光"，如图10-83所示。

图10-83

2 选择工具箱中的【渐变工具】，将色值分别设置为黑色与深紫红色，如图10-84所示。

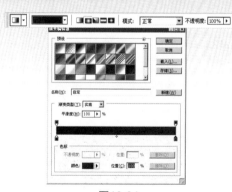

图10-84

3 在画面中从中间向边缘进行拖曳，得到一个渐变的效果，如图10-85所示。

图10-85

4 选择工具箱中的【钢笔工具】 ◊，在画面上绘制一条线段，如图10-86所示。

图10-86

5 选择工具箱中的【画笔工具】 ✐，并在选项栏中设置其属性，如图10-87所示。

图10-87

6 设置前景色为粉红色（R:251 G:0 B:134），在【路径】面板的底部单击【用画笔描边路径】按钮 ○，如图10-88所示。

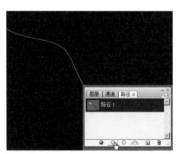

图10-88

7 按照刚才的步骤绘制第2条相同颜色与大小的线段，如图10-89所示。

图10-89

8 选择工具箱中的【钢笔工具】 ◊，在画面中继续绘制线段，如图10-90所示。

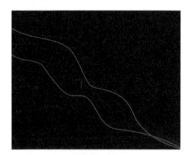

图10-90

9 选择工具箱中的【画笔工具】 ✐，并设置属性，如图10-91所示。

图10-91

10 在【路径】面板的底部单击【用画笔描边路径】按钮 ○，如图10-92所示。

图10-92

11 在工具选项栏中单击【切换画笔调板】按钮 📋，在弹出的对话框中选择【画笔笔尖形状】选项并进行参数设置，如图10-93所示。选择【散布】选项并继续在调板中进行参数设置，如图10-94所示。

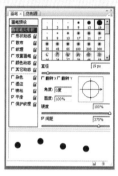

图10-93　　　　　图10-94

12 选择【形状动态】选项并继续在调板中进行参数设置，如图10-95所示。选择【其它动态】选项并继续在调板中进行参数设置，如图10-96所示。

图10-95　　　　　图10-96

13 在画面上进行涂抹，绘制出流光溢彩的效果，如图10-97所示。

图10-97

14 在画面的左下方输入文字，最终效果如图10-98所示。

图10-98

第5篇
网络类设计

网络类设计

　　网络时代已经到来，网络中的网页、软件界面、广告等内容，都需要设计师以敏锐的视觉抓住时代的脉搏，设计出优秀的作品来增强企业的竞争力。

实例
Example

网页设计："红酒网页设计"实例

　　本实例介绍了如何制作木板效果、封蜡效果、自定义图案等内容，使用这些设计元素，制作出葡萄酒的网页。

UI设计："YY聊天器"实例

　　本实例介绍了线稿到上色，再到增加明暗关系并再次深入，最终完成效果图。

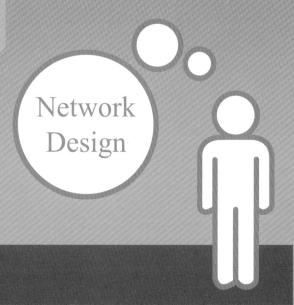

Network
Design

网络类案例设计

红酒网页设计

技艺拓展：滤镜应用

YY聊天器

技艺拓展：滤镜应用

文件位置

原始：Chap 11/底纹图案.psd
Chap 11/酒杯.jpg
......
效果：Chap 11/网页设计.psd

Chapter 11
红酒网页设计 (网页设计)

制作要点：

▲ 本实例用装葡萄酒的木桶纹路和红色布纹的组合，配以葡萄酒瓶和高脚杯遥相呼应，烘托出葡萄酒厂的历史及深厚的红酒文化。在制作过程中可以学习到如何制作木板效果、立体封蜡效果、二方连续图案等，利用这些元素制作出葡萄酒的网页。

实例步骤示意图

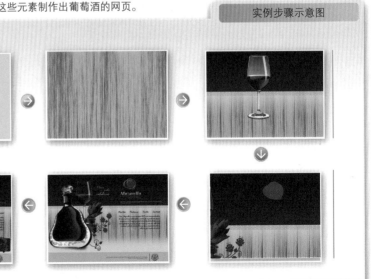

11.1　网页设计知识解析

进入21世纪，人类社会正经历着从原子时代向数字时代的转变，新世纪的主要信息来源之一就是互联网，互联网正在全世界引发着越来越深刻的变革。互联网代表着一种崭新的信息交流方式，它使信息的传播突破了传统的政治、经济、地域及文化的阻隔，使信息传达的范围、速度与效率都产生了质的飞跃。互联网是由成千上万的网站组成，而每个网站都是由诸多网页构成，故网页是构成互联网的基本元素。

11.1.1　客户对象

网页设计的实现可以分为两步。第一步为站点的规划及草图的绘制，这一步可以在纸上完成。第二步为网页的制作，这一过程是在计算机上完成的。

设计首页的第一步是设计版面布局。我们可以将网页看作传统的报刊杂志来编辑，这里面有文字、图像乃至动画，我们要做的工作就是以最适合的方式将图片和文字排放在页面的不同位置。 除了要有一台配置不错的计算机外，软件也是必需的。一般常用的软件是Dreamweaver、Fireworks、Flash以及Photoshop、imageready等，这些都是很不错的软件。 接下来我们要做的就是通过各种软件，将设计的蓝图变为现实，最终的集成一般是在Dreamweaver里完成的。虽然在草图上定出了页面的大体轮廓，但是灵感一般都是在制作过程中产生的。设计作品一定要有创意，这是最基本的要求，没有创意的设计是失败的。

所以前期的页面设计非常重要，虽然在这个环节不可能加入动画或链接，但它决定了网页的整体风格，在本实例中我们用Photoshop来完成网页设计的初稿。相关实例如图11-1和图11-2所示。

图11-1

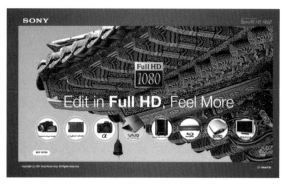

图11-2

11.1.2 设计宗旨

设计是一种审美活动，成功的设计作品一般都很艺术化。但艺术只是设计的手段，而并非设计的任务。设计的任务是要实现设计者的意图，而并非艺术创造。

网页设计的任务，是要完成设计者要表现的主题和要实现的功能。网站的性质不同，设计的任务也不同。从形式上，可以将网站分为以下三类。

第1类是资讯类网站，第2类是资讯和形象相结合的网站，第3类则是形象类网站。当然，这只是从整体上来看，具体情况还要具体分析。不同的网站还要区别对待。别忘了最重要的一点，满足客户的要求，也就是设计的任务。明确了设计的任务之后，接下来要想的就是如何完成这个任务了。实例如图11-3和图11-4所示。

图11-3　　　　　图11-4

11.1.3 色彩运用

深红色是在原有的红色基础上降低了明度而得到的，是红色系中的明度变化。这类颜色的组合随着明度的变暗，比较容易制造深邃、幽怨的气氛。它所传达的是稳重、成熟、高贵和消极的心理感受。本例采用的颜色及色值如图11-5所示。

本例中的页面背景色运用了纹样，是以目前选取的主色调颜色和明度较暗的深红色结合而得，使得明度稍暗。从数值上看，背景色的饱和度较高，但是由于降低了明度，颜色变得较沉稳。辅助色添加了适量的其他颜色，G和B数值区别不大，因此饱和度降低，颜色趋于柔和稳定。点睛色的加入提亮了画面整体色调，页面视觉效果得到强化。

主色调
C:40 M:100 Y:100 K:6

辅色调
C:14 M:36 Y:77 K:0
C:33 M:31 Y:49 K:0

点睛色
C:62 M:36 Y:96 K:0
C:35 M:100 Y:100 K:2

背景色
C:63 M:98 Y:100 K:62

图11-5

1. 深红色+黑色：这组搭配在商业设计中，被誉为商业成功色。
2. 深红色+土黄：这组搭配可以呈现出古典、高雅、经典的感觉。

11.2 网页设计技术解析 ▶ > >

制作要点：本实例主要使用渐变工具、纤维滤镜、收缩选区命令和加深工具等功能来制作。

制作尺寸：本实例采用的尺寸为1024像素×768像素，分辨率为72像素/英寸。

11.2.1 选择素材

"北京亦甜红酒有限公司位于首都国家级经济技术开发区——北京经济技术开发区。公司始建于1983年，由北京蓝天有限公司、北京市新酿葡萄酒厂和香港冰带股份有限公司合资经营。在发展过程中，公司坚持规模扩展和效益添加并举的方针，实现了多次跨越式的发展，成为目前以北京亦甜红酒有限公司为主体，包括北京剑竹葡萄酒有限公司和北京自然果酒有限公司的现代化企业集团。 绿色葡萄基地，全套世界最先进的现代化酿酒设备，先进的生产工艺，完备的检测手段，严格的酿造标准，资深酿酒师、品控师的精心控制，确保了亦甜产品的优异品质。

希望能通过网页设计完美地体现出红酒文化的浓厚韵味和大方、时尚的画面。"

根据这些叙述，本案例选择了高脚杯、葡萄酒、木桶等素材，如图11-6至图11-8所示。

图11-6　　　　　　　　　　　图11-7　　　　　　　　　　　图11-8

11.2.2 操作步骤

步骤1 制作背景

1 按【Ctrl+N】快捷键执行【新建】命令，在弹出的对话框中进行参数设置，得到一个新文件命名为"网页设计"，如图11-9所示。

图11-9

2 将前景色设置为浅黄色（R:225 G:215 B:170），按【Alt+Delete】快捷键填充前景色，如图11-10所示。

图11-10

3 选择工具箱中的【矩形选框工具】 ，在画面中选取一个矩形选区，如图11-11所示。

图11-11

4 单击【图层】面板底部的【创建新图层】按钮 新建图层，并将其重命名为"红色块"。将前景色设置为红色（R:102 G:1 B:1），按【Alt+Delete】快捷键填充前景色，如图11-12所示。

图11-12

5 打开光盘中的图片文件"Chap 11/底纹图案.psd"，如图11-13所示。

6 按【Ctrl+A】快捷键执行【全选】命令，选择图案，如图11-14所示。

图11-13　　　　　　　图11-14

7 执行菜单【编辑】→【定义图案】命令，在弹出的对话框中进行参数设置，将【名称】设置为"底纹图案.psd"，如图11-15所示，单击【确定】按钮。

图11-15

Tips – 提示·技巧

　　执行【定义图案】命令前，当前选择区域如果为选取矩形选区，图案会根据选区内的图像显示定义。如果当前图像的背景为白色，那图案就会有白色的底。

⑧ 切换到"网页设计"文档中，保持红色选区，如图11–16所示。

图11-16

⑨ 选择工具箱中的【油漆桶工具】◇，在工具选项栏中选择刚才自定义的图案"底纹图案.psd"，如图11–17所示。

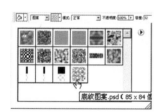

图11-17

⑩ 新建图层，并重命名为"图案"，在选区内单击，填充图案，如图11–18所示。

图11-18

⑪ 在【图层】面板中将"图案"图层的【不透明度】设置为"30%"，如图11–19所示。

图11-19

⑫ 选择工具箱中的【渐变工具】■，在【渐变编辑器】中选择【前景到透明】的渐变方式，如图11–20所示。

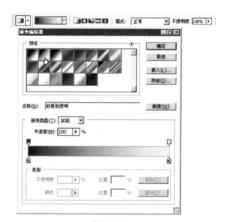

图11-20

⑬ 新建一个图层，并重命名为"阴影"，在画面中偏上的部分从上向下进行拖曳，得到一个局部渐变的效果，如图11–21所示。

图11-21

14 打开光盘中的图片文件"Chap 11/二方连续.jpg",如图11-22所示。

图11-22

15 选择工具箱中的【魔棒工具】✨,在黑色的图案上单击选取选区,如图11-23所示。

图11-23

16 选择工具箱中的【移动工具】▶➕,将"二方连续"图案拖曳到"网页设计"文档中,并调整位置,如图11-24所示。

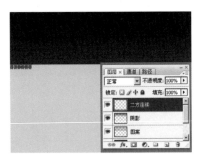

图11-24

17 在【图层】面板中将"二方连续"图层的【不透明度】设置为"20%",如图11-25所示。

图11-25

18 按【Ctrl+J】快捷键复制多个"二方连续"副本,平行向右排列,效果如图11-26所示。

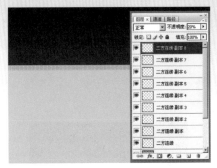

图11-26

19 按住【Ctrl】键选择所有"二方连续"的副本图层,如图11-27所示。按【Ctrl+E】快捷键合并所选图层,得到"二方连续"图层,如图11-28所示。

图11-27

图11-28

Tips – 提示·技巧

　　要选择多个图层,除了按住【Ctrl】键逐个同时选择需要的图层外,还可以在选择一个图层后,按住【Shift】键选择最后一个图层,这样这两个图层之间的图层将同时被选中。

步骤2 制作木板效果

1 按【Ctrl+N】快捷键执行【新建】命令,在弹出的对话框中进行参数设置，得到一个新文件命名为"木板"，如图11-29所示。

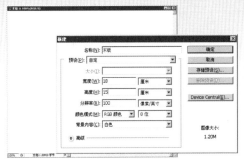

图11-29

2 将前景色设置为褐色（R:85 G:56 B:22），将背景色设置为黄色（R:199 G:139 B:23），如图11-30所示。

图11-30

3 执行菜单【滤镜】→【渲染】→【纤维】命令，在弹出的对话框中进行参数设置。单击【确定】按钮，如图11-31所示。

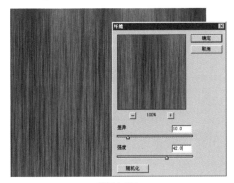

图11-31

4 按【Ctrl+M】快捷键执行【曲线】命令，在弹出的对话框中选择【RGB】通道，然后进行其他参数设置，如图11-32所示。

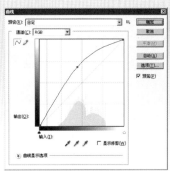

图11-32

5 继续在【曲线】对话框中选择【蓝】通道，然后进行参数设置，如图11-33所示。

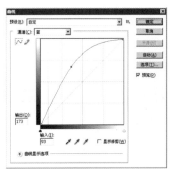

图11-33

6 设置完成后单击【确定】按钮，得到的图像效果如图11-34所示。

图11-34

7 选择工具箱中的【矩形选框工具】□，在画面中选取一个矩形选区，按住【Shift】键继续选取多个矩形选区，如图11-35所示。

图11-35

8 按【Ctrl+J】快捷键复制选区内的图像到新的图层,如图11-36所示。

图11-36

9 在【图层】面板中双击"图层1",在弹出的【图层样式】对话框中进行参数设置,如图11-37所示。

图11-37

10 继续在【图层样式】对话框的【样式】列表中选择【斜面和浮雕】选项,并在对话框中进行参数设置,如图11-38所示。

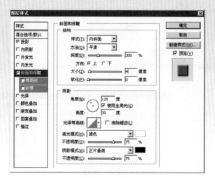

图11-38

11 单击【确定】按钮,得到的图像效果与【图层】面板如图11-39所示。

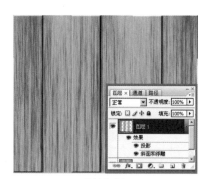

图11-39

12 按【Ctrl+E】快捷键向下合并图层,得到"背景"图层,如图11-40所示。

图11-40

13 选择工具箱中的【移动工具】,将木板图片拖曳到"网页设计"文档中,并调整其位置,如图11-41所示。

14 复制两个木板图层副本,并水平向右移动,使木板向右拼满画面,如图11-42所示。

图11-41

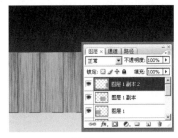

图11-42

15 在【图层】面板中选择所有的木板图层，按【Ctrl+E】快捷键进行合并，如图11-43所示。将合并的图层重命名为"木纹"，如图11-44所示。

图11-43   图11-44

16 选中"木纹"图层，单击【图层】面板底部的【添加图层蒙版】按钮 ▢，使用【渐变工具】在木纹上下部分拖曳以添加渐变效果，使木板与画面自然地进行融合，如图11-45所示。

图11-45

Tips – 提示·技巧

在【渐变工具】▢的工具选项栏中只有选择【前景到透明】的渐变样式，才可以在蒙版的上面和下面拖曳两次渐变，以遮住上与下的木板效果。

17 执行菜单【图像】→【调整】→【亮度/对比度】命令，在弹出的对话框中进行参数设置，单击【确定】按钮，如图11-46所示。

图11-46

18 按【Ctrl+U】快捷键执行【色相/饱和度】命令，在弹出的对话框中进行参数设置，如图11-47所示。

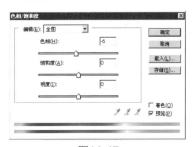

图11-47

19 单击【确定】按钮，得到的图像效果如图11-48所示。

图11-48

20 按【Ctrl+T】快捷键调出自由变换框，拖动控制点将木板调窄，如图11-49所示，按【Enter】键确认操作。

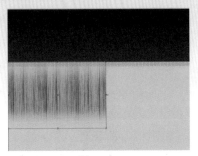

图11-49

21 按【Ctrl+J】快捷键复制图层得到"木纹副本"图层，将副本图层向右移动，如图11-50所示。

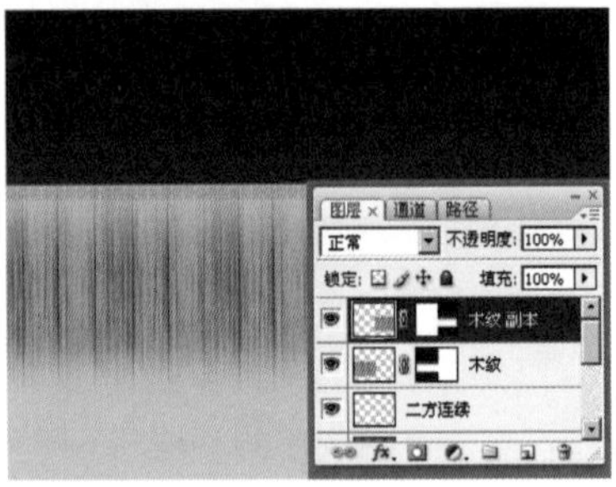

图11-50

步骤3 制作主体物

1 打开光盘中的图片文件"Chap 11/酒杯.jpg"，如图11-51所示。

图11-51

2 选择工具箱中的【钢笔工具】，在画面中勾勒出酒杯的外轮廓，如图11-52所示。

3 按【Ctrl+Enter】快捷键将路径转换为选区，如图11-53所示。

图11-52    图11-53

4 选择工具箱中的【移动工具】，将酒杯拖曳到"网页设计"文档中，并将图层重命名为"高脚杯"，如图11-54所示。

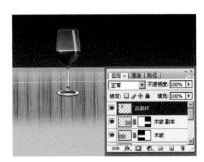

图11-54

5 选择工具箱中的【画笔工具】，在选项栏中设置工具属性如图11-55所示。单击【图层】面板底部的【添加图层蒙版】按钮，为酒杯图层添加蒙版，用【画笔工具】在画面中多余的部分涂抹，如图11-56所示。

图11-55

图11-56

⑥ 打开光盘中的图片文件"Chap
11/花.jpg"，如图11-57所示。

图11-57

⑦ 按照之前的方法，将"花纹"选取
并拖曳到"网页设计"文档中，将
其图层名称重命名为"花纹"，并调整
角度，如图11-58所示。

图11-58

⑧ 按住【Ctrl】键单击"花纹"图层
的缩略图，将花纹载入选区，如图
11-59所示。

⑨ 执行菜单【选择】→【修改】→
【收缩】命令，在弹出的对话框中
进行参数设置，如图11-60所示。

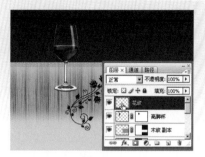

图11-59

图11-60

⑩ 单击【确定】按钮，得到的选区
会比原来更细致，效果如图11-61
所示。

图11-61

⑪ 按【Ctrl+Shift+I】快捷键执行
【反向】命令，按【Delete】键删
除多余的黑色花纹，如图11-62所示。

图11-62

⑫ 按【Ctrl+Shift+I】快捷键执行
【反向】命令，将黑色花纹重新载
入选区，如图11-63所示。

图11-63

图11-66　　　　图11-67

13 将前景色设置为红色（R:137 G:5 B:7），按【Alt+Delete】快捷键填充前景色，按【Ctrl+D】快捷键取消选区，如图11-64所示。

17 选择工具箱中的【移动工具】，将花的选区拖曳到"网页设计"文档中，如图11-68所示。

图11-64

图11-68

14 打开光盘中的图片文件"Chap 11/花.jpg"，如图11-65所示。

18 按【Ctrl+M】快捷键执行【曲线】命令，在弹出的对话框中进行参数设置，如图11-69所示。

图11-65

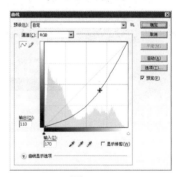

图11-69

15 选择工具箱中的【钢笔工具】，在画面中勾勒出花的外轮廓，如图11-66所示。

19 单击【确定】按钮，得到的图像效果如图11-70所示。

16 按【Ctrl+Enter】快捷键将路径转换为选区，如图11-67所示。

20 打开光盘中的图片文件"Chap 11/葡萄酒.jpg"，如图11-71所示。

图11-70

图11-71

21 选择工具箱中的【钢笔工具】 ，在画面中勾勒出酒瓶的外轮廓，如图11-72所示。

图11-72

22 按【Ctrl+Enter】快捷键将路径转换为选区，如图11-73所示。

图11-73

23 选择工具箱中的【移动工具】 ，将酒瓶拖曳到"网页设计"文档中，将其图层重命名为"葡萄酒"，如图11-74所示。

图11-74

24 选择工具箱中的【画笔工具】 ，工具属性设置如图11-75所示。新建图层并将其重命名为"阴影"，使用【画笔工具】绘制出葡萄酒瓶的阴影，如图11-76所示。

图11-75

图11-76

步骤4 制作封蜡效果

1 新建"封蜡"图层，选择工具箱中的【套索工具】 ，在画面中绘制一个封蜡的形状，如图11-77所示。

图11-77

2 将前景色设置为红色（R:159 G:20 B:26），按【Alt+Delete】快捷键填充前景色，按【Ctrl+D】快捷键取消选区，如图11-78所示。

图11-78

3 选择工具箱中的【加深工具】，在工具选项栏中进行参数设置，如图11-79所示。根据明暗关系在封蜡上涂抹添加暗面效果，如图11-80所示。

图11-79

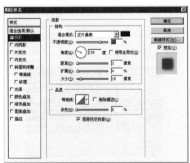

图11-80

4 在【图层】面板中双击"封蜡"的图层缩览图，在弹出的【图层样式】对话框中进行参数设置，如图11-81所示。

图11-81

5 单击【确定】按钮，得到的图像效果与【图层】面板如图11-82所示。

图11-82

6 选择工具箱中的【画笔工具】，在工具选项栏中进行参数设置，如图11-83所示。新建图层"反光"，在画面中绘制出反光效果，如图11-84所示。

图11-83

图11-84

7 在【图层】面板中将"反光"图层的【不透明度】设置为"70%"，如图11-85所示。

图11-85

8 选择工具箱中的【画笔工具】 ，新建图层"高光"，在画面中绘制出高光效果，如图11-86所示。

图11-86

9 为"高光"图层添加蒙版，选择【画笔工具】 ，涂抹高光的头与尾的部分，使其更加自然，如图11-87所示。

图11-87

10 选择【椭圆选框工具】，按住【Shift】键选取一个圆形。新建图层"封蜡2"，并填充前景色，如图11-88所示。

图11-88

11 按【Ctrl+D】快捷键取消选区，为其添加与"封蜡"图层相同的斜面和浮雕效果，如图11-89所示。

图11-89

12 选择工具箱中的【横排文字工具】 **T**，在封蜡图形中输入文字，并在【字符】面板中进行参数设置，如图11-90所示。

图11-90

> **Tips – 提示·技巧**
>
> 输入文字后，在工具选项栏中单击【提交所有当前编辑】按钮 ，即可确认文字的输入。如果想放弃可单击【取消所有当前编辑】按钮 。

13 在【图层】面板中双击文字图层，在弹出的【图层样式】对话框中进行参数设置，如图11-91示。

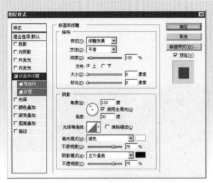

图11-91

14 单击【确定】按钮,得到的图像效果与【图层】面板如图11-92所示。

图11-92

15 选择工具箱中的【横排文字工具】T,在画面中输入文字,并在【字符】面板中进行参数设置,如图11-93所示。

图11-93

16 在【图层】面板中双击刚输入的文字图层,在弹出的【图层样式】对话框中进行参数设置,如图11-94所示。

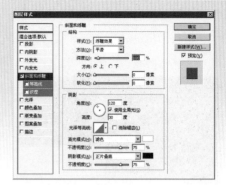

图11-94

17 单击【确定】按钮,得到的图像效果与【图层】面板如图11-95所示。

图11-95

18 输入"M"文字,并拷贝与上一步文字相同的图层样式,得到的图像效果与【图层】面板如图11-96所示。

图11-96

步骤5 添加相关元素

1 选择工具箱中的【横排文字工具】T,在封蜡图形下方输入文字,在【字符】面板中进行参数设置,如图

11-97所示。图像效果与【图层】面板
如图11-98所示。

图11-97

图11-98

② 选择工具箱中的【横排文字工
具】**T.**，在画面中继续输入文
字，在【字符】面板中进行参数设置，
如图11-99所示。图像效果与【图层】
面板如图11-100所示。

图11-99

图11-100

③ 新建图层"横线"，在画面中两行
文字中间选取一个横线矩形，将其
填充为白色，并取消选区，如图11-101
所示。

图11-101

④ 选择工具箱中的【横排文字工具】
T.，继续在画面中输入文字，并
在【字符】面板中进行参数设置，如图
11-102所示。图像效果与【图层】面板
如图11-103所示。

图11-102

图11-103

⑤ 选择工具箱中的【横排文字工具】
T.，在画面中输入文字，并在
【字符】面板中进行参数设置，设置颜

色为浅黄色（R:207 G:194 B:149），如图11-104所示。

图11-104

6 图像效果与【图层】面板如图11-105所示。

图11-105

7 选择工具箱中的【横排文字工具】T，继续在画面中输入文字，并在【字符】面板中进行参数设置，设置颜色为深红色（R:70 G:5 B:6），如图11-106所示。

图11-106

8 选择工具箱中的【横排文字工具】T，在画面中输入文字，并

在【字符】面板中进行参数设置，如图11-107所示。

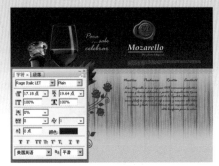

图11-107

9 选择工具箱的【矩形选框工具】□，在画面底部选取一个矩形选区，如图11-108所示。

图11-108

10 设置前景色为深红色（R:70 G:5 B:6），新建"土黄色块"图层，按【Alt+Delete】快捷键为选区填充前景色，如图11-109所示。

图11-109

11 在【图层】面板中双击文字图层，然后在弹出的【图层样式】对话框中进行参数设置，设置颜色为浅黄色（R:207 G:194 B:149），如图11-110所示。

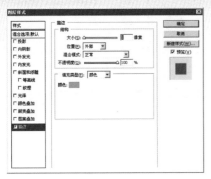

图11-110

12 单击【确定】按钮，得到的图像效果与【图层】面板如图11-111所示。

图11-111

13 按【Ctrl+N】快捷键执行【新建】命令，在弹出的对话框中进行参数设置，得到一个新文件"横条"，如图11-112所示。

图11-112

14 选择工具箱的【矩形选框工具】，在画面中上半部分选取一个矩形选区，如图11-113所示。

15 为选区填充黑色，并取消选区，效果如图11-114所示。

 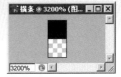

图11-113 图11-114

16 执行菜单【编辑】→【定义图案】命令，在弹出的对话框中进行参数设置，单击【确定】按钮，如图11-115所示。

图11-115

17 回到"网页设计"文档中，新建"图层1"，选择工具箱中的【油漆桶工具】，在工具选项栏中选择刚定义的图案"横条"，如图11-116所示。

图11-116

18 在画面中单击进行填充，此时画面中将出现很多均匀的黑色线条，如图11-117所示。

图11-117

19 按【Ctrl+T】快捷键调出自由变换框,调整线条的大小以及角度,如图11-118所示。

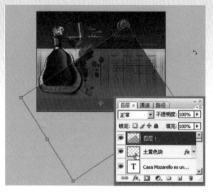

图11-118

20 按【Enter】键确认编辑,按住【Ctrl】键单击"土黄色块"图层的缩略图,将其载入选区。按【Ctrl+J】快捷键复制选区内的图像到"图层2",如图11-119所示。选择"图层1",单击【图层】面板底部的【删除图层】按钮,删除"图层1",如图11-120所示。

图11-119   图11-120

21 将"图层2"重命名为"横条"以方便下面的操作,如图11-121所示。

图11-121

22 此时只留下了矩形内的斜条图案,如图11-122所示。

图11-122

23 在【图层】面板中将"横条"图层的【不透明度】设置为"10%",如图11-123所示。

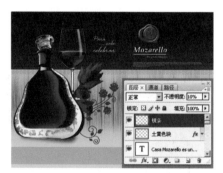

图11-123

24 打开光盘中的图片文件"Chap 11/标志.psd",如图11-124所示。

图11-124

25 选择工具箱中的【移动工具】,将标志图案拖曳到"网页设计"文档中,如图11-125所示。

图11-125

26 选择工具箱的【矩形选框工具】□，在标志的左边框选一个选框，并填充与标志相同的颜色，如图11-126所示。

图11-126

27 选择工具箱中的【横排文字工具】T，并在【字符】面板中进行参数设置，如图11-127所示。

图11-127

28 在画面中输入文字，图像效果与【图层】面板如图11-128所示。

图11-128

步骤6　制作导航框

1 选择工具箱中的【矩形工具】□，在工具选项栏中进行参数设置，如图11-129所示。在画面中拖曳出一个圆角矩形，如图11-130所示。

图11-129

图11-130

2 新建"图层1"，将前景色设置为红色（R:102 G:1 B:1），填充前景色并取消选区，如图11-131所示。

图11-131

3 在【图层】面板中双击"图层1"，在弹出的【图层样式】对话框中进行参数设置，如图11-132所示。

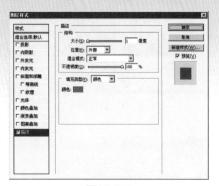

图11-132

4 单击【确定】按钮，得到的图像效果与【图层】面板如图11-133所示。

图11-133

5 按住【Ctrl】键单击"图层1"的缩略图，获取"图层1"的选区，如图11-134所示。

图11-134

6 选择工具箱中的【油漆桶工具】，在工具选项栏中选择之前自定义的"底纹图案"，如图11-135所示。

图11-135

Tips - 提示·技巧

需要删除多余的图案时，在该图案上单击鼠标右键，在弹出的菜单中选择【删除图案】命令即可。

7 新建"图层2"，在选区内单击鼠标，填充图案，按【Ctrl+D】快捷键取消选区，如图11-136所示。

图11-136

8 在【图层】面板中将"图层2"的【不透明度】设置为"20%"，如图11-137所示。

图11-137

9 获取圆角矩形选区，选择工具箱中的【渐变工具】 ，参数设置如图11-138所示。

图11-138

10 新建"图层3"，在花选区内拖曳出一个局部渐变的效果，如图11-139所示。

图11-139

11 打开光盘中的图片文件"Chap 11/葡萄酒2.jpg"，如图11-140所示。

12 选择工具箱中的【钢笔工具】 ，在画面中勾勒出图案的外轮廓，如图11-141所示，按【Ctrl+Enter】快捷键将路径转换为选区。

图11-140　　　　图11-141

13 选择工具箱中的【移动工具】 ，将选区拖曳到"网页设计"文档中，并将图层重命名为"葡萄酒2"，如图11-142所示。

图11-142

14 根据需要在葡萄酒旁边输入相关的文字，如图11-143所示。

图11-143

15 在【图层】面板中双击"Salud"文字图层，在弹出的【图层样式】对话框中进行参数设置，如图11-144所示。

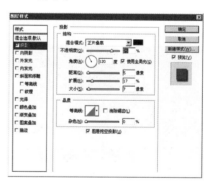

图11-144

16 单击【确定】按钮，得到的图像效果与【图层】面板如图11-145所示。

图11-145

17 在【图层】面板中同时选择"图层1"、"图层2"和"图层3"3个图层，一起拖曳到【图层】面板底部的【创建新图层】按钮 🔲 上，如图11-146所示。得到这3个图层的副本，如图11-147所示。

图11-146　　　　图11-147

18 按【Shift+Ctrl+]】快捷键，将这3个副本图层快速移动到图层的最上方，并向右水平移动，如图11-148所示。

图11-148

19 打开光盘中的图片文件"Chap 11/酒桶.jpg"，如图11-149所示。

图11-149

20 选取酒桶图形并将选区拖曳到"网页设计"文档中，将图层重命名为"酒桶"，调整其大小，如图11-150所示。

图11-150

21 在【图层】面板中选择相关的文字图层，并同时拖曳到面板底部的【创建新图层】按钮 🔲 上，如图11-151所示。得到这4个图层的副本，如图11-152所示。

图11-151　　　　图11-152

22 按【Shift+Ctrl+]】快捷键，将这三个副本快速移动到图层的最上方，并向右水平移动，如图11-153所示。

图11-153

23 在【图层】面板中选择相关的图层，复制得到副本，并向右移动，如图11-154所示。

图11-154

24 在【图层】面板中选择"花"图层，如图11-155所示。复制并调整花的位置与大小，如图11-156所示。

图11-155

图11-156

25 将花水平翻转，并放置在画面的右边。至此整个网页就制作完成了，最终效果如图11-157所示。

图11-157

11.3　技艺拓展——学习纤维滤镜 ▷▷▷

　　纤维滤镜可以使用前景色和背景色创建机织纤维的外观，应用该滤镜命令后图像上的数据会被纤维代替。

11.3.1　纤维对话框

　　执行菜单【滤镜】→【渲染】→【纤维】命令，弹出的对话框如图11-158所示。

　　【差异】：设置纤维的长短变化。低数值产生较长的纤维条纹，高数值产生较短的纤维条纹。

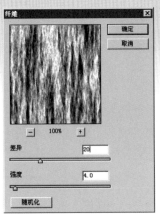

图11-158

【强度】：用来控制各个纤维的外观。低设置产生铺开式的纤维，高设置产生短的丝状纤维。

【随机化】：单击此按钮，可以改变图案的外观。重复单击可以得到合适的图案。

11.3.2　滤镜应用

1 按【Ctrl+N】快捷键执行【新建】命令，在弹出的对话框中进行参数设置，得到一个新文件命名为"彩虹"，如图11-159所示。

图11-159

2 将背景填充为黑色，新建一个白色的图层，执行菜单【滤镜】→【渲染】→【纤维】命令，在弹出的对话框中进行参数设置，单击【确定】按钮，如图11-160所示。

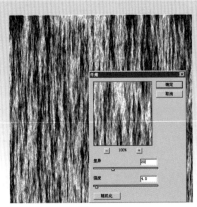

图11-160

3 执行菜单【滤镜】→【模糊】→【动感模糊】命令，在弹出的对话框中进行参数设置，单击【确定】按钮，如图11-161所示。

4 在【图层】面板中双击"图层1"，在弹出的【图层样式】对话框中进行参数设置，如图11-162所示。

图11-161

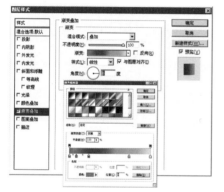

图11-162

⑤ 单击【确定】按钮,得到的图像效果与图层面板如图11-163所示。

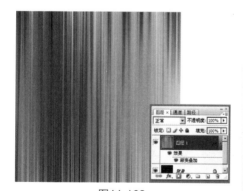

图11-163

⑥ 按【Ctrl+J】快捷键复制"图层1",得到副本图层。执行菜单【滤镜】→【其它】→【高反差保留】命令,在弹出的对话框中进行参数设置,单击【确定】按钮,如图11-164所示。

图11-164

⑦ 将副本的图层混合模式设置为【叠加】,并合并两个图层。按【Ctrl+L】快捷键执行【色阶】命令,在弹出的对话框中进行参数设置,单击【确定】按钮,如图11-165所示。

图11-165

⑧ 按【Ctrl+T】快捷键调出自由变换框,旋转图像角度,并添加文字。最终效果如图11-166所示。

图11-166

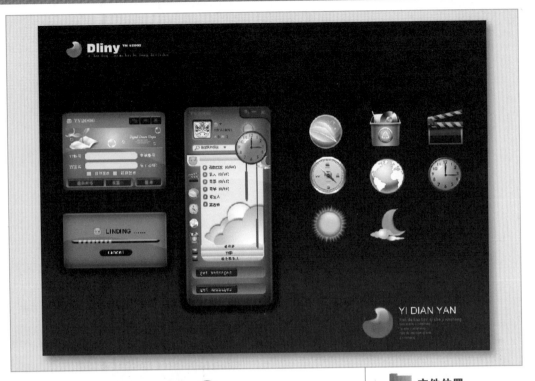

文件位置

原始：Chap 12/垃圾箱.psd
　　　Chap 12/地球.psd
　　　……
效果：Chap 12/YY聊天器.psd

Chapter **12**
YY聊天器 (UI设计)

制作要点：

▲ 本实例以蓝色为主色调制作出聊天器的界面，将易用与美观
完美结合。在制作的过程中介绍了网络中常用的聊天器、登
录框与相关元素的制作方法。通过学习本实例，可以了解网
络上常用界面的制作方法。

实例步骤示意图

12.1 UI设计知识解析 >>>

UI即User Interface(用户界面)的简称。UI设计则是指对软件的人机交互、操作逻辑、界面美观的整体设计。好的UI设计不仅能使软件变得有个性有品味，还会使软件的操作变得舒适、简单、自由，充分体现软件的定位和特点。

12.1.1 客户对象

目前在国内UI还是一个相对陌生的词，即便是一些设计人员也对这个词不太了解。我们经常看到一些招聘广告写着：招聘界面美工、界面美术设计师等。这表明在国内，人们对UI的理解还停留在美术设计方面，认为UI的工作只是描边画线，缺乏对用户交互的重要性的理解；另一方面在软件开发过程中，还存在重技术而不重应用的现象。许多商家认为软件产品的核心是技术，而UI仅仅是次要的辅助，这点在人员的比例与待遇上可以表现出来。

现今随着计算机硬件的飞速发展，过去的软件程序已经不能适应用户的要求。软件产品在激烈的市场竞争中，仅仅有强大的功能是远远不够的，不足以战胜强劲的对手。幸运的是国内一些高瞻远瞩的民族企业已经开始意识到UI给软件产品带来的巨大卖点了，例如金山公司的影霸、词霸、毒霸、网标。由于重视UI的地位与开发，才使得金山产品在同类软件产品中首屈一指。联想软件的UI部门积极开展用户研究与使用性测试，将易用与美观相结合，推出的双模式电脑、幸福系列等成功UI范例，为联想赢得了全球消费 PC第三的地位。实践证明，各商家只要在产品美观和易用设计方面有很小的投入，将会有很大的产出。优秀VI设计的实例如图12-1和图12-2所示。

图12-1

图12-2

12.1.2　设计宗旨

在漫长的软件发展过程中，界面设计工作一直没有被重视起来。做界面设计的人也被冷冷地称为"美工"。其实软件界面设计就像工业产品中的工业造型设计一样，是产品的重要卖点。一个友好美观的界面会给人带来舒适的视觉享受，拉近人与电脑的距离，为商家创造卖点。界面设计不是单纯的美术绘画，它需要定位使用者、使用环境、使用方式并且为最终用户而设计，是纯粹的科学性的艺术设计。检验一个界面的标准既不是某个项目开发组领导的意见，也不是项目成员投票的结果，而是用户最终的感受。所以界面设计要和用户研究紧密结合，是一个不断为最终用户设计满意视觉效果的过程。有关实例如图12-3和图12-4所示。

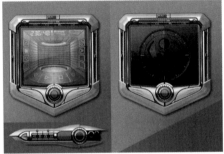

图12-3　　　　　　　　　　　　　　　　　图12-4

12.1.3　色彩运用

蓝色是现代商务领域的流行色，蓝色也是最"安全"的Web色彩，是色彩中比较沉静的颜色。蓝色象征着永恒与深邃、高远与博大、壮阔与浩淼，是令人心境畅快的颜色。蓝色的朴实、稳重、内向，衬托那些性格活跃、具有较强扩张力的色彩，既运用了对比手法，同时也活跃了画面。蓝色与红、黄等色搭配得当，能构成和谐的对比调和关系。

黄色在色彩里的亮度属最高，呈现出了灿烂、辉煌与生机勃勃，与蓝色相配可以衬托出醒目、活力四射、科技感十足的感受。

本例采用的颜色及色值如图12-5所示。

主色调　　　　　辅色调　　　　　　点睛色　　　　　　背景色
R:37 G:123 B:206　R:204 G:226 B:274　R:251 G:238 B:68　R:2 G:2 B:2
　　　　　　　　R:15 G:41 B:76　　R:214 G:143 B:2
　　　　　　　　　　　　　　　　R:147 G:192 B:50

图12-5

Tips – 提示·技巧

1. 蓝色+紫色：蓝色加上与蓝色相近的紫色，如烟如雾的紫色会给人初春的美妙感受。它可以缓和深蓝色的沉重，带来成熟感觉。

2. 蓝色+橙色：鲜亮的蓝色和橙色是对比最为强烈的组合。而对比色的组合则具有个性鲜明的特征。

3. 蓝色+浅蓝色：主色调选择明亮的蓝色，配以浅蓝色的辅助色，可以使画面干净而整洁，给人庄重、充实的印象。

12.2　YY聊天器技术解析 ＞＞＞

　　制作要点：本实例主要使用羽化工具、画笔工具、图层样式命令、亮度/对比度命令、渐变工具和蒙版等功能来进行制作。

　　制作尺寸：聊天器界面尺寸为8cm×18cm、登录界面尺寸为9cm×6.7cm、等待界面尺寸为9cm×4.7cm。

12.2.1　选择素材

　　"用互联网的先进技术提升人类的生活品质是YY公司的使命。YY为用户提供了一个巨大的便捷沟通平台，在人们生活中发挥着生活功能、社会服务功能及商务应用功能等。而且，YY公司也正以前所未有的速度改变着人们的生活方式，创造着更广阔的互联网应用前景。

　　目前，YY公司以"为用户提供一站式在线生活服务"作为自己的战略目标，并基于此完成了业务布局，构建了YY、YY.com、YY游戏这三大网络平台，形成中国规模最大的网络社区。在满足用户信息传递与知识获取的需求方面，拥有YY.com门户、YY即时通讯工具、YY邮箱；在满足用户群体交流和资源共享方面，推出的YY空间已成为中国最大的个人空间，并与访问量极大的论坛、聊天室、YY群相互协同；在满足用户个性展示和娱乐需求方面，拥有非常成功的虚拟形象产品YYShow、YY宠物、YY游戏等产品。

　　面向未来，坚持自主创新，树立民族品牌是YY公司的长远发展规划。目前，YY公司60%以上的员工为研发人员。在即时通信、电子商务、在线支付、搜索引擎、信息安全以及游戏开发方面等都拥有了相当数量的专利申请。2007年，YY公司投资过亿元在北京进行互联网核心基础技术的自主研发。YY公司的自主创新工作已经进入到企业开发、运营、销售等各个环节当中。YY公司正逐步走上自主创新的民族产业发展之路。2008年新年伊始，YY公司计划为聊天器界面进行全新调整，要设计出体现出时代感强、新颖的界面"。

　　根据这些叙述，在选择时要考虑YY聊天器上的元素要符合界面整体风格的变化。下面进行具体操作步骤。

12.2.2　操作步骤

步骤1　制作YY聊天器底图

1 按【Ctrl+N】快捷键执行【新建】命令，在弹出的对话框中进行参数设置，得到一个新文件命名为"YY聊天器"，如图12-6所示。

图12-6

2 选择工具箱中的【渐变工具】 ，在【渐变编辑器】中将左侧的渐变滑块设置为黑色，将右边的渐变滑块设置为蓝色（R:3 G:45 B:83），如图12-7所示。

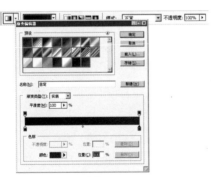

图12-7

3 在画面中从中心向外进行拖曳，得到一个渐变的效果，如图12-8所示。

4 选择工具箱中的【钢笔工具】 ，在画面中绘制出一个界面的外轮廓，如图12-9所示。

图12-8

图12-9

5 新建"图层1"，按【Ctrl+Enter】快捷键将路径转换为选区，如图12-10所示。

图12-10

6 设置前景色为蓝色（R:3 G:33 B:67），按【Alt+Delete】快捷键为选区填充前景色，并按【Ctrl+D】快捷键取消选区，如图12-11所示。

图12-11

7 在【图层】面板中双击"图层1"，在弹出的【图层样式】对话框中进行参数设置，如图12-12所示。

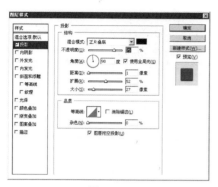

图12-12

8 单击【确定】按钮，得到的图像效果与【图层】面板如图12-13所示。

图12-13

9 新建"图层2"，在界面内部选取一个选区，此选区要比之前的小，如图12-14所示。

图12-14

10 按【Ctrl+Alt+D】快捷键执行【羽化】命令，在弹出的对话框中进行参数设置，如图12-15所示。单击【确定】按钮，效果如图12-16所示。

图12-15

图12-16

11 设置前景色为蓝色（R:6 G:139 B:252），按【Alt+Delete】快捷键填充前景色，并按【Ctrl+D】快捷键取消选区，如图12-17所示。

图12-17

12 新建"图层3"，在界面底部选取一个反光的选区，并将其图层名称重命名为"高光下"，如图12-18所示。

图12-18

13 按【Ctrl+Alt+D】快捷键执行【羽化】命令，在弹出的对话框中进行参数设置，如图12-19所示。单击【确定】按钮，效果如图12-20所示。

图12-19

图12-20

14 按【Ctrl+Delete】快捷键填充背景色白色，并按【Ctrl+D】快捷键取消选区，如图12-21所示。

图12-21

15 在【图层】面板中将"高光下"图层的混合模式设置为【叠加】，将【不透明度】设置为"55%"，如图12-22所示。

图12-22

步骤2 制作必备按钮

1 继续在矩形四周制作出高光效果，并设置图层混合模式，如图12-23所示。

图12-23

2 使用【钢笔工具】在界面的右上方绘制一个不规则路径并将其转换为选区，如图12-24所示。

图12-24

3 新建"图层3"，并为其填充黑色，如图12-25所示。

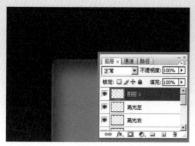

图12-25

④ 选择工具箱中的【橡皮擦工具】 ⌀ ，在选项栏中设置参数，如图12-26所示。在黑色图形上面进行涂抹，擦掉不需要的部分，效果如图12-27所示。

图12-26

图12-27

⑤ 继续选取选区，新建"图层4"，并填充深蓝色（R:3 G:33 B:67），如图12-28所示。

图12-28

⑥ 选择工具箱中的【横排文字工具】 T ，在黑色图形右侧输入一个代表关闭的乘号"×"，如图12-29所示。

图12-29

⑦ 在【图层】面板中双击"×"图层，在弹出的【图层样式】对话框中进行参数设置，设置颜色为蓝色（R:111 G:179 B:250），如图12-30所示。

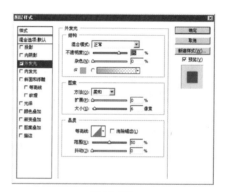

图12-30

⑧ 单击【确定】按钮，得到的图像效果与【图层】面板如图12-31所示。

图12-31

⑨ 输入代表最小化的减号"－"和界面切换的符号"ロ"，并添加相同的外发光效果，如图12-32所示。

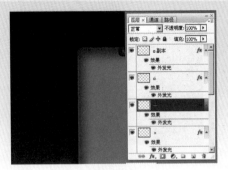

图12-32

10 按住【Ctrl】键在【图层】面板中选择相关的图层，单击面板右上角的向下三角按钮▾≡，在弹出的菜单中选择【从图层新建组】命令，如图12-33所示。

图12-33

11 在弹出的对话框中进行参数设置，如图12-34所示。单击【确定】按钮，【图层】面板如图12-35所示。

图12-34

图12-35

12 在界面底部选择一个选区，如图12-36所示。

图12-36

13 选择工具箱中的【渐变工具】 ，将渐变颜色设置为深蓝色（R:11 G:85 B:164）和蓝色（R:57 G:154 B:240），新建"图层5"，在选区内拖曳出渐变效果，如图12-37所示。

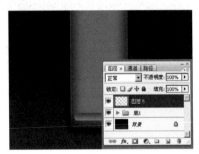

图12-37

14 新建"图层6"，在渐变矩形中选取一个矩形选区，并填充为深蓝色，如图12-38所示。

图12-38

⓯ 新建"图层7"，在深蓝色块上制作出高光区域，如图12-39所示。

图12-39

⓰ 选择工具箱中的【横排文字工具】 T，在面板中输入文字，并在【字符】面板中进行参数设置，如图12-40所示。图像效果与【图层】面板如图12-41所示。

图12-40

图12-41

⓱ 按住【Ctrl】键在【图层】面板中选择相关的图层，如图12-42所示。按照之前的方法，将这些图层编辑到一个组中，并将其命名为"按钮"，这样可以方便下面的操作，如图12-43所示。

图12-42　　　　图12-43

⓲ 在【图层】面板中选择"按钮"图层组，将其拖曳到面板底部的【创建新图层】按钮 ，得到"按钮副本"图层组，并将其移动到【图层】面板的最上层，如图12-44所示。

图12-44

步骤3 制作界面内元素

❶ 用【钢笔工具】在界面内部绘制一个不规则图形，按【Ctrl+Enter】快捷键转换成选区，如图12-45所示。

图12-45

❷ 新建"图层8"，将前景色设置为淡蓝色（R:204 G:227 B:247），按【Alt+Delete】快捷键为选区填充颜色，如图12-46所示。

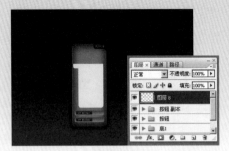

图12-46

3 在【图层】面板中双击"图层8"的缩览图，在弹出的【图层样式】对话框中进行参数设置，为"图层8"添加斜面和浮雕效果，如图12-47所示。

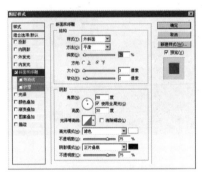

图12-47

4 单击【确定】按钮，得到的图像效果与【图层】面板如图12-48所示。

图12-48

5 选择工具箱中的【矩形选框工具】，在面板中选取一个小的矩形，如图12-49所示。

图12-49

6 选择工具箱中的【渐变工具】，在【渐变编辑器】中将渐变颜色分别设置为深蓝色（R:4 G:59 B:110）和蓝色（R:6 G:110 B:200），如图12-50所示。

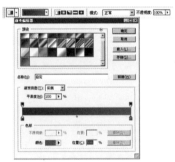

图12-50

7 新建"图层9"，在选区内拖曳出渐变效果，如图12-51所示。

图12-51

8 在【图层】面板中双击"图层9"，在弹出的【图层样式】对话框中进行参数设置，如图12-52所示，为其添加斜面和浮雕效果。

9 单击【确定】按钮，得到的图像效果与【图层】面板如图12-53所示。

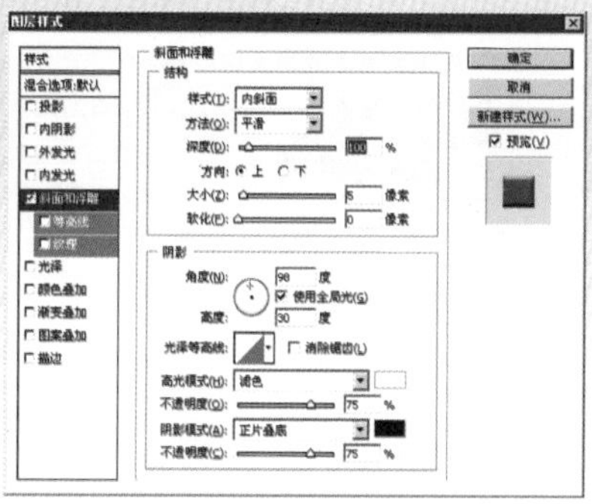

图12-52

图12-53

10 按【Ctrl+J】快捷键复制"图层9",得到"图层9副本",并向上移动其位置,如图12-54所示。

图12-54

11 在画面中间偏下的位置选取一个选区,如图12-55所示。

图12-55

12 选择工具箱中的【渐变工具】■,将渐变滑块分别设置为白色和蓝色(R:121 G:191 B:250),如图12-56所示。

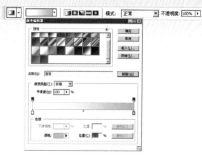

图12-56

13 新建"图层10",在选区内拖曳出渐变效果,如图12-57所示。

图12-57

14 使用【钢笔工具】在面板中绘出图形,并将其转换为选区。新建"图层11",在选区内拖曳出渐变效果,如图12-58所示。

图12-58

15 在【图层】面板中双击"图层11"的图层缩览图,在弹出的【图层样式】对话框中进行参数设置,如图12-59所示,为其添加斜面和浮雕效果。

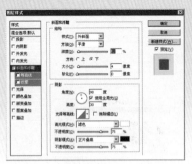

图12-59

16 单击【确定】按钮，得到的图像效果与【图层】面板如图12-60所示。

图12-60

17 选择工具箱中的【椭圆选框工具】○，按住【Shift】键在面板中选取一个圆形，如图12-61所示。

图12-61

18 选择【渐变工具】■，将渐变滑块分别设置为白色和浅黄色（R:251 G:247 B:130），如图12-62所示。

19 新建"图层12"，在选区内拖曳出渐变效果，如图12-63所示。

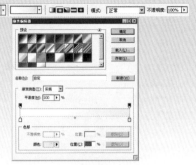

图12-62

图12-63

20 在【图层】面板中双击"图层12"的图层缩览图，在弹出的【图层样式】对话框中进行参数设置，如图12-64所示。

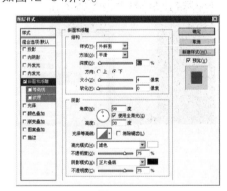

图12-64

21 单击【确定】按钮，得到的图像效果与【图层】面板如图12-65所示。

22 此时就绘制完成一个完整的白云，为其添加渐变效果，如图12-66所示。

图12-65

图12-66

23 根据之前的方法，在界面内部的上方与下方制作出多个渐变条，如图12-67所示。

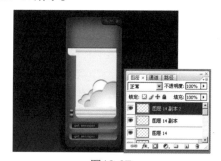

图12-67

24 选择相关图层，如图12-68所示，将这些图层编辑到一个组中，如图12-69所示。

图12-68

图12-69

25 选择工具箱中的【椭圆选框工具】选取图形，并填充蓝色按【Ctrl+D】快捷键取消选区，如图12-70所示。

图12-70

26 选择工具箱中的【多边形工具】○，在工具选项栏中进行参数设置，如图12-71所示。

图12-71

27 新建"图层16"，在蓝色圆形上选取一个三角形，并填充为白色，如图12-72所示。

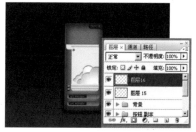

图12-72

28 在画面中输入文字，画面与【图层】面板如图12-73所示。

29 按【Ctrl+T】快捷键调出自由变换框，按住【Shift】键等比例缩小文字，并将其放置在合适的位置，如图12-74所示，按【Enter】键确认操作。

图12-73

图12-74

30 按住【Ctrl】键在【图层】面板中选择相关的图层，如图12-75所示。按照之前的方法，将这些图层编辑到一个组中，如图12-76所示。

图12-75

图12-76

31 按照制作"好友"组的过程，制作出"家人"、"同事"、"同学"、"陌生人"和"黑名单"等几个组，如图12-77所示。

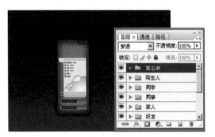

图12-77

32 在下方的渐变条上，依次写入"通讯录"、"YY群"和"最近联系人"等文字，如图12-78所示。

图12-78

步骤4 增加功能按钮

1 打开光盘中的图片文件"Chap 12/垃圾箱.psd"，选择"垃圾箱"图层，如图12-79所示。

图12-79

2 选择工具箱中的【移动工具】，将"垃圾箱"图层拖曳到"YY聊天器"文档中，并将图层重命名为"垃圾箱"，如图12-80所示。

图12-80

3 按【Ctrl+T】快捷键调出自由变换框，将垃圾箱图形缩小，并放在界面的左边，如图12-81所示。

图12-81

④ 打开光盘中的图片文件"Chap 12/地球.psd",选择"地球"图层,如图12-82所示。

图12-82

⑤ 使用【移动工具】将地球拖曳到"YY聊天器"文档中,如图12-83所示。

图12-83

⑥ 按【Ctrl+T】快捷键调出自由变换框,将地球图形缩小,并放在界面的左边,如图12-84所示。

图12-84

⑦ 打开光盘中的图片文件"Chap 12/指针.psd",选择"指针"图层,如图12-85所示。

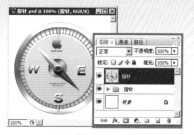

图12-85

⑧ 使用【移动工具】将指针图形拖曳到"YY聊天器"文档中,如图12-86所示。

图12-86

⑨ 按【Ctrl+T】快捷键调出自由变换框,将指针图形缩小,并放在界面的左边,如图12-87所示。

图12-87

⑩ 开始制作树叶。按【Ctrl+N】快捷键执行【新建】命令,在弹出的对话框中进行参数设置,得到一个新文件命名为"休闲时光",如图12-88所示。

图12-88

11 新建"图层1"，设置前景色为浅蓝色（R:145 G:255 B:255），按住【Shift】键使用【椭圆选框工具】选取一个正圆形，并填充前景色，如图12-89所示。

图12-89

12 在【图层】面板中双击"图层1"的图层缩览图，在弹出的【图层样式】对话框中进行参数设置，如图12-90所示。

图12-90

13 单击【确定】按钮，得到的图像效果与【图层】面板如图12-91所示。在正圆形中间用【钢笔工具】绘制出不同颜色的色块，制作出如图12-92所示的图形效果。

图12-91

图12-92

14 打开光盘中的图片文件"Chap 12/树叶.psd"，如图12-93所示。

图12-93

15 选择工具箱中的【移动工具】，将树叶图片拖曳到"休闲时光"文档中，并将图层重命名为"树叶"，如图12-94所示。

图12-94

16 在【图层】面板中双击"树叶"的图层缩览图，在弹出的【图层样式】对话框中进行参数设置，如图12-95所示。

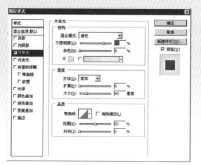

图12-95

17 单击【确定】按钮，得到的图像效果与【图层】面板如图12-96所示。

图12-96

18 选择除 "背景" 图层外的所有图层，如图12-97所示。按【Ctrl+E】快捷键并成为 "休闲时光" 图层，如图12-98所示。

图12-97　　　图12-98

19 将 "休闲时光" 图形拖曳到 "YY聊天器" 文档中，并将其重命名为 "休闲时光"，如图12-99所示。

图12-99

20 按【Ctrl+T】快捷键调出自由变换框将圆形缩小，并放在界面的左边，如图12-100所示。

图12-100

21 按【Ctrl+N】快捷键执行【新建】命令，在弹出的对话框中进行参数设置，得到一个新文件命名为 "电影"，如图12-101所示。

图12-101

22 选择【渐变工具】 ，参数设置如图12-102所示。使用【矩形选框工具】框选出一个矩形，并为其添加渐变效果，如图12-103所示。

图12-102

图12-103

23 设置渐变工具的属性，如图12-104所示。在渐变矩形中再绘制一个矩形，并添加渐变效果，如图12-105所示。

图12-104

图12-105

24 制作一个透明的白色矩形，并将其图层【不透明度】设置为"15%"，再将两个倾斜的矩形，一个填充为黑色，另一个填充为深灰色，如图12-106所示。

图12-106

25 选择【渐变工具】■，将渐变颜色分别设置为浅蓝色（R:0 G:254 B:255）和蓝色（R:0 G:136 B:180），如图12-107所示。

图12-107

26 新建图层，制作出多个倾斜的矩形，并添加渐变效果，如图12-108所示。

图12-108

27 添加一个透明的白色倾斜矩形，为其添加亮部的效果，如图12-109所示。

图12-109

28 选择相关的图层，如图12-110所示，并将这些图层编在一个组中，如图12-111所示。

29 根据之前的制作方法，制作一个连接轴，如图12-112所示。

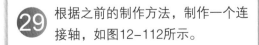

图12-110

图12-111

图12-112

30 选择除"背景"图层外的其他图层,如图12-113所示。按【Ctrl+E】快捷键合并图层,如图12-114所示。

图12-113

图12-114

31 将电影拖曳到"YY聊天器"文档中,并将图层重命名为"电影",如图12-115所示。

图12-115

32 按【Ctrl+T】快捷键调出自由变换框,将电影图形缩小,放置在界面的左边,如图12-116所示。

图12-116

33 打开光盘中的图片文件"Chap 12/头像.psd",如图12-117所示。

图12-117

34 选择工具箱中的【移动工具】,将头像图片拖曳到"YY聊天器"文档中,如图12-118所示。

35 按【Ctrl+T】快捷键调出自由变换框将头像缩小,并放置在合适的位置,如图12-119所示。

图12-118

图12-119

36 选择相关的图层，如图12-120所示。单击面板右上角的向下三角按钮，在弹出的菜单中选择【从图层新建组】命令，将所选图层编辑到组中，并将其名称命名为"工具按钮"，如图12-121所示。

图12-120

图12-121

37 制作出搜索栏，并将相关图层编辑入组，如图12-122所示。

38 打开光盘中的图片文件"Chap 12/用户头像.psd"，如图12-123所示。

图12-122

图12-123

39 选择工具箱中的【移动工具】，将图片拖曳到"YY聊天器"文档中，如图12-124所示。

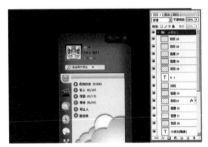

图12-124

40 选择工具箱中的【横排文字工具】T，在面板中输入文字"YY2008"，图像效果与【图层】面板如图12-125所示。

图12-125

41 在【图层】面板中双击文字图层，在弹出的【图层样式】对话框中进行参数设置，如图12-126所示。

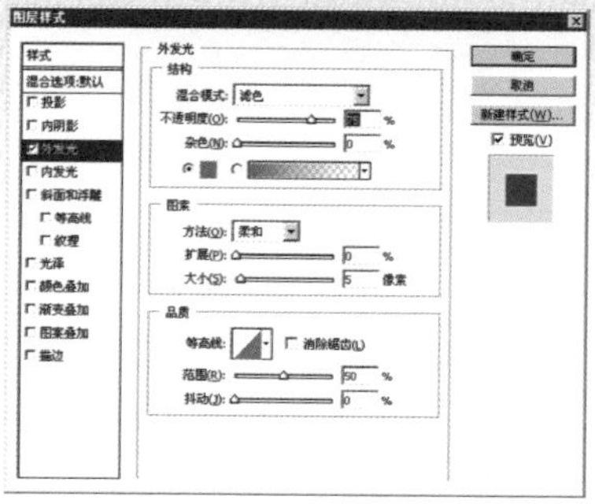

图12-126

42 单击【确定】按钮，得到的图像效果与【图层】面板如图12-127所示。

图12-127

43 在聊天器上方用【钢笔工具】绘制高光的形状，并将其填充为白色，如图12-128所示。

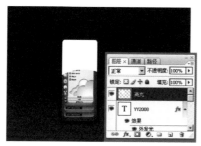

图12-128

44 将"高光"图层移至"YY2008"图层下方，并将其【不透明度】设置为"12%"，如图12-129所示。

图12-129

45 打开光盘中的图片文件"Chap 12/表.psd"，选择"日月表"图层，如图12-130所示。

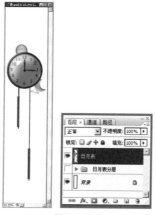

图12-130

46 选择工具箱中的【移动工具】，将表图片拖曳到"YY聊天器"文档中，如图12-131所示。

图12-131

47 按【Ctrl+T】快捷键调出自由变换框，将"日月表"图形缩小，并放置在合适的位置，如图12-132所示。

图12-132

48 选择除"背景"图层外的所有图层，如图12-133所示，将它们编辑到一个组中，如图12-134所示。此时聊天器界面就制作完成了。

图12-133

图12-134

步骤5 制作登录与等待界面

1 按照制作第一个界面背景的方法，制作出登录界面背景，如图12-135所示。

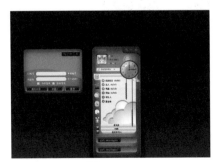

图12-135

2 打开光盘中的图片文件"Chap 12/图片.jpg"，如图12-136所示。

图12-136

3 选择工具箱中的【移动工具】，将图片拖曳到"YY聊天器"文档中，并放置在合适的位置，如图12-137所示。

图12-137

4 将"图片"的图层混合模式设置为【明度】，如图12-138所示。

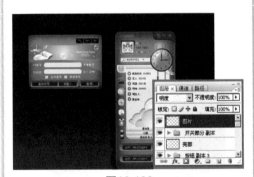

图12-138

5 复制头像和软件名称，并放到合适的位置，如图12-139所示。

6 按照之前的操作方法，制作出等待界面，并编辑入组，如图12-140所示。

图12-139

图12-140

7 将之前的图标再一次拖曳到画面中，并排列好位置，添加标志与文字。至此，YY聊天器就设计制作完成了，最终效果如图12-141所示。

图12-141

12.3 技艺拓展——绘制多边形

【多边形工具】可以绘制直线形的多边形图形，如等边三角形和五角星形等。多边形工具选项栏如图12-142所示。

图12-142

12.3.1 多边形工具的选项栏

【边】：在该项后面的文本框中输入的数值决定了多边形绘制的边数，默认值为5，取值范围是3～100。

【半径】：此选项用于指定多边形中心与外部点之间的距离，默认单位为cm（厘米）。

【平滑拐角】：选中此复选框后，能使绘制出来的多边形具有平滑的顶角。

【星形】：用于设置多边形的缩进程度和平滑程度。选择此项后，【缩进边依据】和【平滑缩进】选项将被激活。

【缩进边依据】：通过在文本框中设置数值能使绘制出来的多边形向中心缩进呈星形。

【平滑缩进】：此选项可以控制多边形的边平滑地向中心缩进。

12.3.2 滤镜应用

1 打开光盘中的图片文件"Chap 12/技艺拓展/企鹅.jpg"，如图12-143所示。

图12-143

2 选择工具箱中的【多边形工具】○，在工具选项栏中进行参数设置，如图12-144所示。

图12-144

3 在面板中拖曳即可绘制出多个五角星形，如图12-145所示。

图12-145

4 新建"图层1"，按【Ctrl+Enter】快捷键将路径转换为选区。设置前景色为浅黄色（R:255 G:250 B:200），按【Alt+Delete】快捷键填充前景色，并按【Ctrl+D】快捷键取消选区，如图12-146所示。

图12-146

5 在【图层】面板中双击"图层1"
的图层缩略图，在弹出的【图层
样式】对话框中进行参数设置，如图
12-147所示。

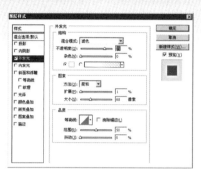

图12-147

7 单击【确定】按钮，得到的图像
效果与【图层】面板如图12-148
所示。

8 在画面中输入文字最终效果，如图
12-149所示。

图12-148

图12-149

第6篇
工业设计

实例
Example

工业设计

随着工业设计领域的发展，不同的领域具有不同的特点。比如设计一个杯子，不仅要符合人体工程学以及优美的造型的标准，而且还要考虑到在什么场合使用，让杯子能与周围的环境相适应。

玩具设计："小熊"实例

本实例在制作过程中，深入剖析了如何使用Photoshop钢笔工具绘制小熊外轮廓，配合添加杂点、纹理化和扩散等功能来制作毛绒质感小熊的效果。

滑板设计："青白朱玄"实例

本实例在制作过程中运用了描边命令、钢笔工具、加深/减淡工具、亮度/对比度命令、画笔工具、渐变工具和蒙版工具。

Industrial
Design

工业类案例设计

小熊

技艺拓展：滤镜应用

青白朱玄

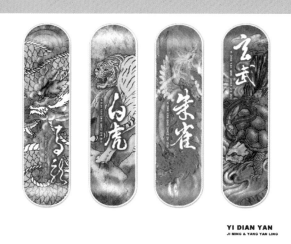

技艺拓展：减淡/加深工具应用

文件位置

效果: Chap 13/熊熊.psd
　　　Chap 13/熊熊完整稿.psd

Chapter 13
小熊 (玩具设计)

制作要点:

▲ 本实例完整展现了在玩具设计之前, 从玩具的市场调研到确定
玩具设计的方向, 再到绘制玩具效果图的全过程。制作中深入
剖析了如何利用Photoshop钢笔工具绘制小熊外轮廓, 配合添
加杂点、纹理化和扩散等功能来制作毛绒质感小熊的效果。

实例步骤示意图

13.1 玩具设计知识解析 ❯❯❯

玩具设计是结合了卡通艺术和造型艺术的一门创新艺术。一件玩具的好与坏，取决于它的设计。设计是灵魂、是总的方向。在设计时，要充分利用现有的资料，大胆发挥想象力进行创造，多进行市场调查，了解市场流行趋势，只有这样才能走在设计流行的前沿，抓住消费者心理，在市场中起到引导作用。

13.1.1 客户对象

童年是人生的开始阶段，是培养积极性格、开发智力的最佳时机。心理学家研究证明，人类智慧的四分之三是开发于学前教育的。在这个人生最重要的时期，玩具、儿歌、童话故事等是伴随孩子成长最好的教科书。我国儿童玩具市场的发展状况相对滞后，市面上所见的玩具几乎是"洋"品牌一统天下。大部分国内企业长期停留在为国外品牌加工生产阶段，面对WTO，我们必须创造自己的品牌。儿童玩具有着巨大的市场潜力，它的研究、开发、设计、生产，无论是从经济效益还是从社会效益上来看，都有着很好的发展前景。

目前国内玩具市场品种繁多，功能各异。为便于研究和分析，可依据功能、材料、游戏方式及使用环境等对其进行分类。

根据功能不同可分为：实用功能玩具、教育功能玩具、娱乐功能玩具、陈设功能玩具等；根据材料不同可分为：纸制玩具、草编玩具、竹制玩具、木制玩具、金属玩具、塑料玩具、陶制玩具、布绒玩具等；根据使用方式不同可分为：益智类玩具、游戏类玩具、个体类玩具、群体类玩具等；根据使用环境不同可分为：室内玩具、户外玩具、水上玩具等。如图13-1和图13-2所示。

图13-1

图13-2

13.1.2 设计宗旨

在玩具的开发设计中，如何把儿童的心理特征与行为特征、家长的愿望和市场竞争有机地结合起来，开发具有中国文化内涵的儿童玩具是我们现在面临的关键问题。在儿童玩具的设计中，其功能性、安全性、游戏性及形态结构是最主要的4个要素。如图13-3和图13-4所示。

图13-3

图13-4

（1）功能性是指玩具所具备的使用价值。

（2）安全性是家长在选择玩具时考虑最多的一个要素。

（3）游戏性是指玩具的"玩法"，增加玩具的附加值，同时也会得到家长的青睐。

（4）形态结构是指玩具的外观造型和内部结构。

13.1.3 色彩运用

黄色在玩具设计中给人带来的感觉是醒目、温馨、柔软、浪漫、天真、娇嫩等，玩具颜色鲜艳，在增加孩子的兴趣的同时，也使人保持快乐的心情。

红色是所有色彩中对视觉感觉最强烈和最有生气的色彩，它炽烈似火，壮丽似日，热情奔放，是生命崇高的象征。红色的这些特点主要表现在高纯度时的效果，当其明度增大转为粉红色时，就戏剧性地变成温柔、顺从和女性的性质。

整体以暖色系为主，甜美的色彩及类似感觉的色彩大部分是红色和黄色系，这些色彩搭配起来，给人以可爱、亲密、有魅力和柔和的印象。

本例采用的颜色及色值如图13-5所示。

主色调
R:220 G:200 B:10

辅色调
R:170 G:40 B:30
R:60 G:10 B:10

点睛色
R:140 G:90 B:25
R:0 G:0 B:0
R:63 G:62 B:60

背景色
R:25 G:160 B:1

图13-5

1. 黄色+蓝色：黄色搭配蓝色形成一种鲜嫩的绿色，趋于一种平和、潮润的感觉。
2. 黄色+红色：黄色搭配红色给人一种有分寸感的热情和温暖。
3. 黄色+黑色：橄榄绿的复色印象。其色性整体感觉也变得成熟、随和。

13.2 玩具设计技术解析 ▷▷▷

制作要点：本实例主要使用杂色命令、锐化命令、扩散命令、光照效果命令、亮度/对比度命令、画笔工具、渐变工具、涂抹工具等功能来制作。

制作尺寸：玩具设计因为设计师只是提供设计稿而已，所以制作尺寸可以根据需要自己定即可，此实例的制作稿大小为8.47cm×8.47cm，最终效果图为20cm×15cm。

13.2.1 项目素材

"该玩具厂创建于1992年。专业生产布绒填充动物玩具，毛绒玩具狗，毛绒玩具猫，毛绒玩具熊，绣花沙发靠垫，心型抱枕，汽车绣花抱枕，沙发靠垫，坐垫，工艺拖鞋，动物造型狮子拖鞋，小猪拖鞋，动物造型拎包，化妆包等。现有工人200余人，协作厂家12个。2006年新增DIY填色玩具。

工厂有120平米样品间，自有样品1000余种，并在不断更新之中。产品畅销东欧、北非、韩国、德国及南美诸国。2006年新增英国、意大利、美国、荷兰等国家。

工厂座落于浙江省慈溪市329国道旁。距宁波机场和杭州机场约1～1.5小时车程。东有北仑港，北近黄浦港，海陆运输方便。

玩具是儿童成长过程中最好的伙伴，通过玩具直观化、形象化的教育以及儿童身体力行的参与，可使儿童开阔眼界、增进智力、加快体质的发展，培养儿童的社会交往能力，促使良好性格的形成。同时儿童因年龄、性别、性格、环境、喜好的不同，玩具也应有不同的区别。因此，儿童玩具应具有安全性、适龄性、启发性、娱乐性、生动性、激励性、艺术性等特点，可使儿童在潜移默化中寓教于乐、健康成长。

13.2.2　操作步骤

步骤1 绘制小熊图形

1 按【Ctrl+N】快捷键执行【新建】命令，在弹出的对话框中进行参数设置，得到一个新文件命名为"小熊"，如图13-6所示。

图13-6

2 设置前景色为默认的黑色，按【Alt+Delete】快捷键填充前景色，如图13-7所示。

图13-7

3 选择工具箱中的【钢笔工具】 ，在画面中绘制出小熊的脸部形状，如图13-8所示。

图13-8

4 按【Ctrl+Enter】快捷键将路径转换为选区，新建图层"头部"，将前景色设置为黄色（R:255 G:211 B:108），按【Alt+Delete】快捷键为选区填充前景色，按【Ctrl+D】快捷键取消选区，如图13-9所示。

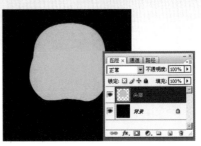

图13-9

5 用【钢笔工具】绘制出耳朵的路径，如图13-10所示。

图13-10

6 按【Ctrl+Enter】快捷键将路径转换为选区，新建图层"耳朵"，将前景色设置为黄色（R:221 G:169 B:75），按【Alt+Delete】快捷键填充前景色，如图13-11所示。

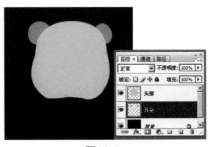

图13-11

7 绘制小熊的身体，按【Ctrl+Enter】快捷键转换为选区，新建图层"身体"，并填充与耳朵相同的颜色，如图13-12所示。

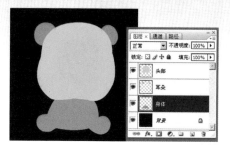

图13-12

8 绘制出胳膊的路径，按【Ctrl+Enter】快捷键转换为选区，新建图层"胳膊"，并填充与头部相同的颜色，如图13-13所示。

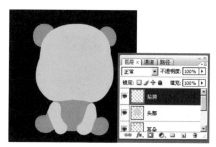

图13-13

9 绘制小熊衣服的路径，按【Ctrl+Enter】快捷键转换为选区，新建图层"衣服"，并填充红色（R:167 G:34 B:34）的颜色，如图13-14所示。

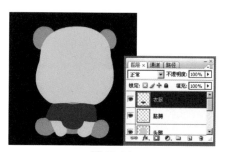

图13-14

10 绘制小熊眉毛的路径，按【Ctrl+Enter】快捷键转换为选区，新建图层"眉毛"，并填充褐色（R:97 G:56 B:50）的颜色，如图13-15所示。

图13-15

11 选择工具箱中的【钢笔工具】 ◊ ，在画面中绘制出眼睛的外轮廓，并按【Ctrl+Enter】快捷键转换为选区，如图13-16所示。

图13-16

12 选择"头部"图层，按【Delete】键删除选区内的颜色，如图13-17所示。

图13-17

13 绘制小熊的嘴巴部分，按【Ctrl+Enter】快捷键转换为选区，新建图层"嘴巴"，并填充与耳朵相同的颜色，如图13-18所示。

图13-18

14 绘制小熊的鼻子部分，按【Ctrl+Enter】快捷键转换为选区，新建图层"鼻子"，并填充与眉毛相同的颜色，如图13-19所示。

图13-19

15 绘制小熊衣服暗部的外轮廓路径，新建图层"衣服暗部"，并填充红色（R:77 G:11 B:11）的颜色，如图13-20所示。

图13-20

16 绘制小熊的眼白部分，新建图层"眼白"，调整图层的位置，并填充为白色，如图13-21所示。

图13-21

17 在【图层】面板中双击"眼白"图层，在弹出的【图层样式】对话框中进行参数设置，如图13-22所示。

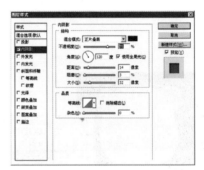

图13-22

18 单击【确定】按钮，得到的图像效果与【图层】面板如图13-23所示。

图13-23

19 绘制小熊黑眼球的路径，新建图层"眼球2"，并填充灰色（R:90 G:87 B:87）的颜色，如图13-24所示。

图13-24

20 选择工具箱中的【加深工具】，在选项栏中设置其属性，在黑眼球的暗部进行涂抹，如图13-25所示。

图13-25

21 绘制小熊瞳孔的路径，新建"瞳孔"与"瞳孔2"图层，并分别填充黑色，如图13-26所示。

图13-26

22 绘制瞳孔高光的路径，新建图层"高光"，并填充为白色，如图13-27所示。

23 执行菜单【滤镜】→【杂色】→【添加杂色】命令，在弹出的对话框中进行参数设置，单击【确定】按钮，如图13-28所示。

图13-27

图13-28

步骤2 增加毛绒质感

1 在【图层】面板中选择"头部"图层，如图13-29所示。

图13-29

2 在【动作】面板中单击【新建组】按钮，如图13-30所示。在弹出的对话框中输入组的名称"熊熊"，如图13-31所示。

图13-30

图13-31

3 在【动作】面板中单击【创建新动作】按钮 🔲，在弹出的对话框中输入动作的名称，如图13-32所示。单击【开始记录】按钮，此时观察【动作】面板会发现，已经开始记录动作，如图13-33所示。

图13-32

图13-33

4 执行菜单【滤镜】→【杂色】→【添加杂色】命令，在弹出的对话框中进行参数设置，单击【确定】按钮，如图13-34所示。

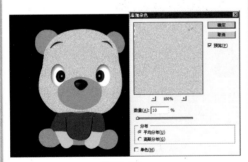

图13-34

5 执行菜单【滤镜】→【纹理】→【纹理化】命令，在弹出的对话框中进行参数设置，如图13-35所示。

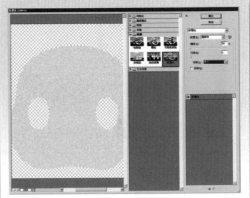

图13-35

6 设置完成后单击【确定】按钮，得到的图像效果与【图层】面板如图13-36所示。

图13-36

7 执行菜单【滤镜】→【锐化】→【USM锐化】命令，在弹出的对话框中进行参数设置，如图13-37所示。

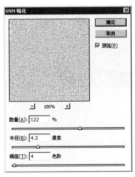

图13-37

8 单击【确定】按钮，按【Ctrl+J】快捷键复制"头部"图层，得到"头部副本"图层，如图13-38所示。

图13-38

⑨ 执行菜单【滤镜】→【风格化】→【扩散】命令，在弹出的对话框中进行参数设置，如图13-39所示。

图13-39

⑩ 单击【确定】按钮，得到的图像效果如图13-40所示。

图13-40

⑪ 按【Ctrl+F】快捷键重复执行【扩散】滤镜命令，重复多次后的图像效果如图13-41所示。

⑫ 在【动作】面板中单击【停止播放/记录】按钮 ■，结束记录动作，如图13-42所示。

图13-41 　　　　图13-42

⑬ 选择工具箱中的【橡皮擦工具】 ，在选项栏中设置其属性，如图13-43所示。将"头部副本"的中间部分擦除，效果如图13-44所示。

图13-43

图13-44

⑭ 在【图层】面板中选择"耳朵"图层，如图13-45所示。

⑮ 在【动作】面板中单击【播放选定的动作】按钮 ▶，如图13-46所示。

图13-45

图13-46

16 执行完动作后的图像效果与【图层】面板如图13-47所示。

图13-47

17 选择"嘴巴"图层，执行【动作】命令，效果如图13-48所示。

图13-48

18 选择"胳膊"图层，执行【动作】命令，如图13-49所示。

图13-49

19 选择"身体"图层，执行【动作】命令后，会得到"身体副本"图层，如图13-50所示。

20 在【图层】面板中选择"嘴巴副本"图层，如图13-51所示。

图13-50

图13-51

21 选择工具箱中的【橡皮擦工具】，在工具选项栏中进行参数设置，如图13-52所示。将"嘴巴副本"中间部分擦除，如图13-53所示。

图13-52

图13-53

22 选择"身体副本"图层，使用【橡皮擦工具】将图像中间部分擦除，如图13-54所示。

图13-54

23 选择"头部副本"图层,如图13-55所示。按【Ctrl+E】快捷键向下合并图层,如图13-56所示。

24 将副本图层逐个合并,得到的【图层】面板如图13-57所示。

图13-55

图13-56 图13-57

25 选择"头部"图层,按【Ctrl+F】快捷键重新执行【扩散】滤镜命令,重复多次后的图像效果如图13-58所示。

图13-58

26 选择工具箱中的【加深工具】,在衣服的暗部进行涂抹,效果如图13-59所示。

27 选择【嘴巴】图层,按【Ctrl+U】快捷键执行【色相/饱和度】命令,在弹出的对话框中进行参数设置,如图13-60所示。

图13-59

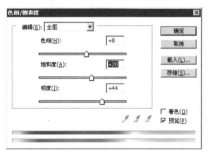

图13-60

28 单击【确定】按钮,得到的图像效果如图13-61所示。

图13-61

29 分别选择其他图层,并使用【加深工具】在头部、身体、耳朵与胳膊的暗部进行涂抹,如图13-62所示。

图13-62

30 分别选择各个图层，按【Ctrl+F】快捷键重新执行【扩散】滤镜命令，重复多次后玩具更加有毛绒绒的感觉，如图13-63所示。

图13-63

31 选择工具箱中的【减淡工具】，在工具选项栏中进行参数设置，如图13-64所示。在各部位的亮部进行涂抹，如图13-65所示。

图13-64

图13-65

32 选择小熊"头部"图层，按【Ctrl+U】快捷键执行【色相/饱和度】命令，在弹出的对话框中进行参数设置，如图13-66所示。单击【确定】按钮，然后分别选择"嘴巴"、"耳朵"、"手臂"和"身体"图层，执行【色相/饱和度】命令。

33 单击【确定】按钮，得到的图像效果如图13-67所示。

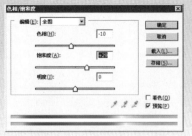

图13-66

图13-67

34 选择工具箱中的【涂抹工具】，在工具选项栏中进行参数设置，如图13-68所示。

图13-68

35 在各部位的边缘部分进行涂抹，增加毛绒绒的效果，如图13-69所示。

图13-69

36 选择工具箱中的【钢笔工具】，在小熊的鼻子下方绘制一条路径，如图13-70所示。

图13-70

37 选择工具箱中的【画笔工具】 ✐，
其属性设置如图13-71所示。在工
具选项栏中单击【切换画笔调板】按钮
▣，在弹出的【画笔】面板中选择笔尖
模式，并在"形状动态"面板中进行参
数设置，如图13-72所示。

图13-71

图13-72

38 新建图层"线缝"，在【路径】面
板中单击刚才绘制的线条路径，单
击面板底部的【用画笔描边路径】按钮
○，如图13-73所示。

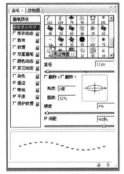

图13-73

39 单击【图层】面板底部的【添加
图层蒙版】按钮▣，使用【画笔
工具】在线条下方的部分涂抹，如图
13-74所示。

图13-74

40 新建"线缝2"图层，按照刚才的
步骤，在嘴巴周围绘制出四条缝制
的线迹，如图13-75所示。

图13-75

41 选择"眉毛"图层，用【减淡工
具】 ✎ 在眉毛的亮部进行涂抹，
为眉毛增加明暗度，如图13-76所示。

图13-76

步骤3 制作最终效果图

1 按【Ctrl+N】快捷键执行【新建】
命令，在弹出的对话框中进行参数
设置，得到一个新文件命名为"小熊完
整稿"，如图13-77所示。

图13-77

2 将前景色设置为黄色（R:254 G:205 B:7），按【Alt+Delete】快捷键填充前景色，如图13-78所示。

图13-78

3 执行菜单【滤镜】→【渲染】→【光照效果】命令，在弹出的对话框中进行参数设置，设置灯光颜色为浅褐色（R:102 G:60 B:1），设置完成后单击【确定】按钮，如图13-79所示。

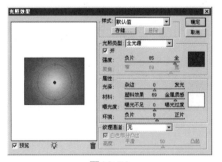

图13-79

4 执行菜单【滤镜】→【纹理】→【纹理化】命令，在弹出的对话框中进行参数设置，如图13-80所示。

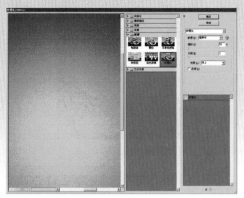

图13-80

5 单击对话框中的【确定】按钮，此时画面中将出现一个光晕效果，如图13-81所示。

图13-81

6 切换到"小熊"文档中，按住【Ctrl】键，同时选中除"背景"图层外的其他图层，如图13-82所示。按【Ctrl+E】快捷键执行【合并图层】命令，如图13-83所示。

图13-82

图13-83

7 选择工具箱中的【移动工具】，将小熊拖曳到"小熊完整稿"文档中，如图13-84所示。

图13-84

8 选择工具箱中的【画笔工具】，在工具选项栏中进行参数设置，如图13-85所示。

图13-85

9 新建"图层1"，绘制出小熊的阴影，如图13-86所示。

图13-86

10 选择工具箱中的【画笔工具】，在工具选项栏中进行参数设置，如图13-87所示。

图13-87

11 新建"图层2"，在画面左侧绘制出"熊"字。新建"图层3"，再绘制一个"熊"字，如图13-88所示。

图13-88

12 在【图层】面板中双击"图层2"图层，在弹出的【图层样式】对话框的【样式】列表中选择【外发光】选项，并在对话框中进行参数设置，如图13-89所示。

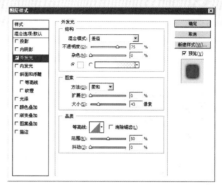

图13-89

13 在【图层样式】对话框的【样式】列表中选择【斜面和浮雕】选项，并在对话框中进行参数设置，如图13-90所示。

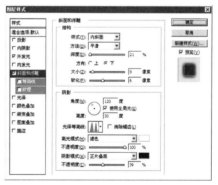

图13-90

14 在【图层样式】对话框的【样式】列表中选择【颜色叠加】选项，并在对话框中进行参数设置，如图13-91所示。

15 单击【确定】按钮，得到的图像效果与【图层】面板如图13-92所示。

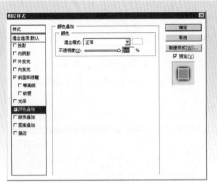

图13-91

图13-92

16 在【图层】面板中选中"图层2"图层，单击鼠标右键，在弹出的菜单中选择"拷贝图层样式"命令，如图13-93所示。

图13-93

17 在【图层】面板中选中"图层3"，并单击鼠标右键，在弹出的

菜单中选择"粘贴图层样式"命令，如图13-94所示。

图13-94

18 此时的图像效果与【图层】面板如图13-95所示。

图13-95

19 继续输入文字，并添加图层样式。此时小熊的最终效果就完成了，如图13-96所示。

图13-96

13.3 技艺拓展——学习扩散滤镜 > > >

扩散滤镜将图像中相邻的像素随机替换，使图像扩散，可使图像产生如同在湿纸上彩绘所得到的扩散效果。

13.3.1 扩散对话框

执行菜单【滤镜】→【风格化】→【扩散】命令，弹出的对话框如图13-97所示。

【正常】：将图形的所有区域都进行扩散漫射的效果。

【变暗优先】：用灰暗的区域进行扩散漫射的效果。

【变亮优先】：用明亮的区域进行扩散漫射的效果。

【各向异性】：同时对灰暗和明亮的区域进行扩散漫射的效果。

图13-97

13.3.2 滤镜应用

1 打开光盘中的图片文件"Chap 13/技艺拓展/铅笔.jpg"，如图 13-98所示。

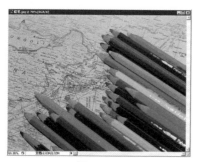

图13-98

2 执行【滤镜】→【风格化】→【扩散】命令，在弹出的对话框中进行参数设置，单击【确定】按钮，如图13-99所示。

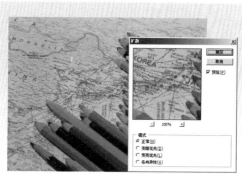

图13-99

3 执行【滤镜】→【风格化】→【扩散】命令，在弹出的对话框中进行参数设置，单击【确定】按钮，如图13-100所示。

4 执行【滤镜】→【风格化】→【扩散】命令，在弹出的对话框中进行参数设置，单击【确定】按钮，如图13-101所示。

图13-100

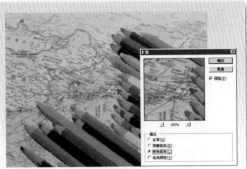

图13-102

图13-101

6 增加文字，最终图像效果如图
13-103所示。

5 执行菜单【滤镜】→【风格化】→
【扩散】命令，在弹出的对话框中
进行参数设置，单击【确定】按钮，如
图13-102所示。

图13-103

Chapter **14**
青白朱玄 (滑板设计)

文件位置

原始: Chap 14/青龙.jpg
　　　Chap 14/木板底纹.jpg
　　　……
效果: Chap 14/青龙.psd
　　　Chap 14/白虎.psd
　　　……

制作要点:

▲ 本实例以具有中国汉民族图腾文化的青龙、白虎、朱雀、玄武为基础,与滑板外轮括廓完美结合,在滑板图案设计中形成独具特色的滑板文化。在制作过程中运用了描边命令、钢笔工具、加深/减淡工具、亮度/对比度命令、画笔工具、渐变工具和蒙版工具等。

实例步骤示意图

14.1 滑板图案设计知识解析 > > >

19世纪50年代初，美国西海岸是弄潮儿们大试身手的地方。他们使用普通木头和价格昂贵的轻木制成冲浪板在风口浪尖上寻找乐趣。滑板运动是冲浪运动在陆地上的延伸。前者受地理和气候条件的限制，而后者则有更大的自由度。阳光明媚的南加州海滩社区的居民们很快制出了世界上第一块滑板。滑板图案对滑板有着极大的装饰作用。虽然在滑板构成中缺少图案纹样作装饰也能很好地使用，也可能成为某些滑板的品牌，但是没有图案的滑板越来越少了。

14.1.1 客户对象

随着滑板运动的开展，滑板技术直追冲浪运动。盖范特(Alan Gelfand)发明了豚跳（the ollie），使滑板界更注重高技术的表演，出现了诸多如霍克（Tony Hawk）和卡巴拉咯（Steven Caballero）等明星。由著名滑板公司组织的巡回品牌推广活动，给商家带来了巨大利益，已成为工业市场学的常用手法。滑板运动员泥土感很重的衣着、怀旧球鞋、板面图案一度成为世界潮流，而相关音乐（new wave music，Punk，hipop）也达到了鼎盛，其语言、技巧、服饰和音乐，也构成了独具特色的滑板文化。

从滑板图案设计学科角度看，包括了基础图案和专业图案两部分。基础图案主要研究和解决图案形象设计的基础知识，探讨图案的普遍规律及描绘表现方法。设计者在掌握一定的基础图案知识后，可进一步学习滑板图案设计规律、图案的组织、色彩配置、服装图案构图和图案在滑板上的应用等更多的内容。示例如图14-1和图14-2所示。

图14-1

图14-2

14.1.2 设计宗旨

　　滑板图案的表现技法非常丰富。技法的应用应根据图案内容的需要，选择相应的技法，使图案设计达到形式统一。在技法的应用中，要善于发挥各种工具材料的性能特点，提高技法的艺术表现力。同时，还应结合材料和生产工艺制作条件，选择适当的技法来表现。图案的表现技法主要以点、线、面为主，在此基础上发展出各种各样的表现技法。示例如图14-3和图14-4所示。

　　点的表现方法：在视觉形象中，给人的感觉是细小的形象，不同的组合会有不同的感觉。

　　线的表现方法：在视觉形象中，线给人的形象是细长的。不同的组合也会给人不同的感觉。

　　面的表现方法：在视觉形象中，凡不是点和线的形象，我们称之为面。点、线和面的关系并不是孤立的，点若扩大就成面，线若加宽增大也成面。

　　渐变的表现方法：通过色彩的色相、明度、纯度等色调变化逐渐的移动时所产生的变化叫渐变。

　　晕染的表现方法：晕染又称渲染。渲染的目的是使形象产生明暗层次，使图形产生起伏变化。

图14-3

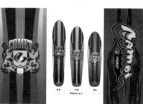

图14-4

14.1.3 色彩运用

　　蓝色给人以空间感，使人联想到广阔无垠的天空、一望无际的海洋。饱和度高的蓝色能表现理智、深邃、博大、永恒、真理、保守、冷酷等主题。蓝色是天边无际的长空色，同时又使人联想到深不可测的海洋，表现出沉静、冷淡、理智、博爱、透明等特性。紫色因与夜空、阴影相联系，所以富有神秘感。紫色易引起心理上的忧郁和不安，但紫色又能给人以高贵、庄严之感。在本案例中蓝色和紫色的混和搭配给人以神秘的感觉。

　　白色为不含纯度的颜色，除因明度高而感觉冷外，基本为中性色，明视度及注目性都相当高。由于白色为全色相，能满足视觉的生理要求，与其他色彩混合均能取得很好的效果。本例采用的颜色及色值如图14-5所示。

主色调
C:79 M:52 Y:0 K:0

辅色调
C:18 M:13 Y:0 K:0
C:58 M:20 Y:78 K:0

点睛色
C:71 M:80 Y:0 K:0
C:0 M:85 Y:18 K:0
C:7 M:80 Y:100 K:0

背景色
C:70 M:40 Y:0 K:0

图14-5

Tips – 提示·技巧

1. 蓝色+紫色：给人以神秘莫测的感觉。

2. 蓝色+白色：给人带来心情畅快的感觉。

3. 蓝色+红色：蓝色是冷色系的典型代表，而红色是暖色系里的典型代表，在两个冷暖色系对比下，使画面的色彩对比异常强烈且兴奋，很容易使人感染激昂的情绪。

14.2 滑板图案设计技术解析 > > >

制作要点：本实例主要是使用描边工具、钢笔工具、加深/减淡工具、亮度/对比度命令、画笔工具、渐变工具和蒙版工具等功能来制作。

制作尺寸：滑板尺寸的单位为英寸，一般长度为31英寸(1英寸=2.54厘米)，宽度从7.5英寸到8.0英寸不等。一般窄板适用于FLIP翻板动作，宽板适用于跳跃台阶等动作，有时候也依个人习惯来选择。选择方法通常身高和鞋号的大小而定，脚比较大的一般用宽板，脚比较小的一般用窄板。本例采用的尺寸为31英寸×7.625英寸。

14.2.1 选择素材

"Yidianyan是国内原创滑板品牌，图案以手绘卡通为主，是国内最大的滑板公司旗下专为初学者设计提供组装滑板的公司。购买了这种滑板，无需再购买其他零件就可以直接玩了，所以有人称之为 '整板'，意思是一块完整的滑板，英文为Completed Skateboard。

Yidianyan始终坚持原创的理念，每年都会推出一些原创题材的滑板设计。至今已推出了58个原创滑板图案，4个系列，价格范围从100~300元不等，非常适合初学者。

2008年，中国将迎来奥运年，运动无疑将成为主旋律，在民族自豪感倍增的国内急需要有中国文化特色的设计出现"

根据以上分析，在这里选择了平面地图、龙、白虎、玄武、朱雀的线稿素材等，如图14-6至图14-9所示。

图14-6

图14-7

图14-8

图14-9

14.2.2 操作步骤

步骤1 制作青龙

1 按【Ctrl+N】快捷键执行【新建】命令，在弹出的对话框中进行参数设置，得到一个新文件命名为"青龙"，如图14-10所示。

图14-10

2 打开光盘中的图片文件"Chap 14/青龙.jpg"，如图14-11所示。

图14-11

3 选择工具箱中的【移动工具】 ，将图片拖曳到"青龙"文档中，按【Ctrl+T】快捷键调出自由变换框，调整图形的大小，如图14-12所示。

4 选择工具箱中的【圆角矩形工具】 ，并在工具选项栏中进行参数设置，如图14-13所示。

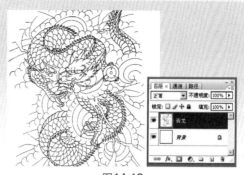

图14-12

图14-13

5 在画面中框选一个圆角矩形，在【图层】面板中单击【指示图层可见性】按钮隐藏，"青龙"图层如图14-14所示。

图14-14

6 显示"青龙"图层，按【Ctrl+Enter】快捷键将路径转换为选区，如图14-15所示。

图14-15

7 按【Ctrl+J】快捷键复制选区内的图像到一个新图层"青龙h",隐藏"青龙"图层,如图14-16所示。

图14-16

8 选择工具箱中的【魔棒工具】🔧,在青龙的鳞片上单击,如图14-17所示。

9 将前景色设置为豆绿色(R:96 G:161 B:118),按【Alt+ Delete】快捷键填充前景色,如图14-18所示。

10 选择龙鳍部分,并填充浅黄色(R:236 G:224 B:122),如图14-19所示。

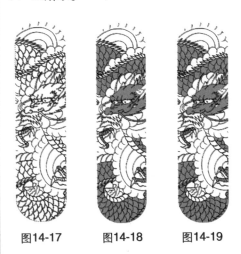

图14-17　　　　图14-18　　　　图14-19

11 选择眼睛部分,并填充红色(R:174 G:47 B:41),如图14-20所示。

12 选择胡须与指甲部分,并填充绿色(R:53 G:115 B:94),如图14-21所示。

13 选择犄角部分,并填充土黄色(R:205 G:168 B:113),如图14-22所示。

图14-20　　　　图14-21　　　　图14-22

14 选择云彩部分,并填充蓝色(R:36 G:90 B:172),如图14-23所示。

15 选择肚白部分,并填充淡蓝色(R:219 G:205 B:168),如图14-24所示。

图14-23　　　　　　　图14-24

步骤2 深入刻画青龙

1 选择工具箱中的【减淡工具】，在工具选项栏中进行参数设置，如图14-25所示。在蓝色云彩的亮部上进行涂抹，如图14-26所示。

〔减淡工具〕 画笔：200 范围：中间调 曝光度：50%

图14-25

图14-26

2 选择工具箱中的【加深工具】，在工具选项栏中进行参数设置，如图14-27所示，在青龙头与鳞片的暗部进行涂抹，增加立体感，如图14-28所示。

3 在犄角的暗部进行涂抹，增加立体感，如图14-29所示。

〔加深工具〕 画笔：200 范围：中间调 曝光度：50%

图14-27

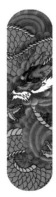 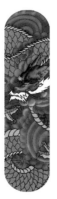

图14-28　　　　　图14-29

4 打开光盘中的图片文件"Chap 14/木板底纹.jpg"，如图14-30所示。

5 选择工具箱中的【魔棒工具】，在白色背景上单击，按【Ctrl+Shift+I】快捷键执行【反向】命令，木板成为选区，如图14-31所示。

图14-30　　　　　图14-31

6 选择工具箱中的【移动工具】，将"木板底纹"图片拖曳到"青龙"文档中，将图层重命名为"木板"，如图14-32所示。

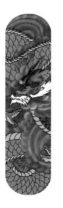 

图14-32

7 将"木板"图层拖曳到"青龙h"图层的下方，将"青龙h"图层的混合模式设置为【亮光】，如图14-33所示。

图14-33

8 将"木板"图层的混合模式设置为
【线性光】，如图14-34所示。

图14-34

9 新建"图层1"，并填充蓝色
（R:36 G:90 B:172），如图
14-35所示。

图14-35

10 按【Ctrl】键单击"青龙h"图层
获取选区，如图14-36所示。

图14-36

11 按【Ctrl+Shift+C】快捷键复制
所有图层的图像，如图14-37所
示。按【Ctrl+V】快捷键粘贴图像，如图
14-38所示。

图14-37　　　　　图14-38

12 在【图层】面板中双击"青龙
（合）"图层，在弹出的【图层
样式】对话框中进行参数设置，如图
14-39所示。

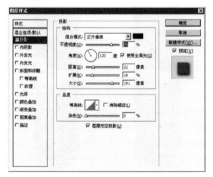

图14-39

13 继续在【样式】列表中选择【描边】选项，在对话框中进行参数设置，如图14-40所示。

图14-40

14 单击【确定】按钮，得到的图像效果与【图层】面板如图14-41所示。

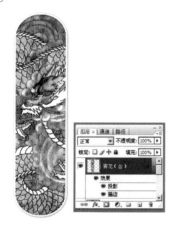

图14-41

15 打开光盘中的图片文件"Chap 14/青.jpg"，如图14-42所示。

16 选择工具箱中的【魔棒工具】，在黑色字上单击选取，如图14-43所示。

17 将选区拖曳到"青龙"文档中，将图层重命名为"青"，如图14-44所示。

图14-42　　　　　图14-43

图14-44

18 在【图层】面板中双击"青龙（合）"图层，在弹出的【图层样式】对话框中进行参数设置，颜色为紫色（R:133 G:19 B:241），如图14-45所示。

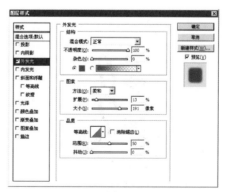

图14-45

19 继续在【样式】列表中选择【颜色叠加】选项，在对话框中进行参数设置，如图14-46所示。

图14-46

20 单击【确定】按钮，得到的图像效果与【图层】面板如图14-47所示。

图14-47

21 打开光盘中的图片文件"Chap 14/龙.jpg"，如图14-48所示。

图14-48

22 使用【魔棒工具】将"龙"字选取，并将其拖曳到"青龙"文档中，将图层重命名为"龙"，如图14-49所示。

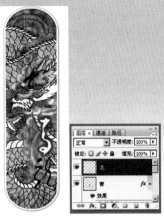

图14-49

23 在【图层】面板中选中"龙"图层，单击鼠标右键，在弹出的菜单中选择"拷贝图层样式"命令，如图14-50所示。

图14-50

24 在【图层】面板中选中"龙"图层，单击鼠标右键，在弹出的菜单中选中"粘贴图层样式"命令，如图14-51所示。

图14-51

25 此时得到的图像效果与【图层】面板如图14-52所示。

图14-52

图14-55

26 使用【文字工具】在画面中添加辅助文字，并增加图层样式，如图14-53所示。

27 选择工具箱中的【椭圆形选框工具】○，在画面上选取一个椭圆形选区，如图14-54所示。

图14-56

图14-53　　　　图14-54

30 将"高光"图层的【不透明度】设置为"90%"，如图14-57所示。

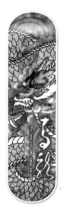

图14-57

28 按【Ctrl+Alt+D】快捷键执行【羽化】选区，在弹出的对话框中进行参数设置，单击【确定】按钮，如图14-55所示。

29 新建图层"高光"，并将其填充为白色，如图14-56所示。

31 按【Ctrl+J】快捷键复制"高光"图层，得到"高光副本"，并将其移动到滑板的下方，如图14-58所示。

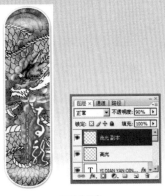

图14-58

步骤3 制作白虎

① 制作第2个滑板"白虎"。按【Ctrl+N】快捷键执行【新建】命令，在弹出的对话框中进行参数设置，得到一个新文件命名为"白虎"，如图14-59所示。

图14-59

② 打开光盘中的图片文件"Chap 14/白虎.jpg"，如图14-60所示。

图14-60

③ 选择工具箱中的【移动工具】，将图片拖曳到"白虎"文档中，如图14-61所示。

图14-61

④ 选择工具箱中的【圆角矩形工具】，选取一个圆角矩形选区，并按【Ctrl+J】快捷键复制选区内的图像到新图层"白虎h"，隐藏"白虎"图层，如图14-62所示。

图14-62

⑤ 将前景色设置为蓝色（R:55 G:116 B:157），按【Alt+Delete】快捷键填充前景色，如图14-63所示。

⑥ 选择工具箱中的【魔棒工具】，在眼睛与舌头上单击选取选区，并填充红色（R:229 G:40 B:35），如图14-64所示。

⑦ 选择【加深工具】，在老虎身上的暗部进行涂抹，增加老虎的暗部效果，如图14-65所示。

图14-63

图14-64

图14-65

8 打开光盘中的图片文件"Chap 14/木板底纹.jpg",如图14-66所示。

图14-66

9 将木板底纹拖曳到"白虎"文档中,将图层重命名为"木板",将"木板"图层的混合模式设置为【线性光】,【不透明度】设置为"60%",如图14-67所示。

图14-67

10 执行菜单【图像】→【调整】→【亮度/对比度】命令,在弹出的对话框中进行参数设置,单击【确定】按钮,得到的图像效果与【图层】面板如图14-68所示。

图14-68

11 增加与"青龙"相同的蓝色色块,将"白虎h"图层的混合模式设置为【亮光】,【不透明度】设置为"70%",如图14-69所示。

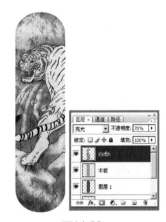
图14-69

12 按照之前"青龙"文档中的制作步骤,制作出组合后的"白虎"图层,并增加图层样式,如图14-70所示。

图14-70

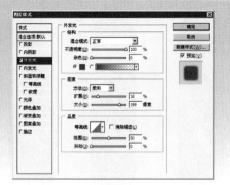

图14-73

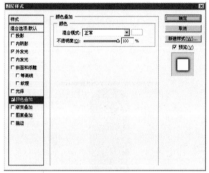

图14-74

13 打开光盘中的图片文件"Chap 14/白虎文字.jpg",如图14-71所示。

14 将文字拖曳到"白虎"文档中,将图层重命名为"白虎字",如图14-72所示。

17 单击【确定】按钮,得到的图像效果与【图层】面板如图14-75所示。

图14-71   图14-72

15 在【图层】面板中双击"白虎字"图层,在弹出的【图层样式】对话框中进行参数设置,设置颜色为蓝色(R:58 G:70 B:147),如图14-73所示。

16 继续在【样式】列表中选择【颜色叠加】选项,在对话框中进行参数设置,如图14-74所示。

图14-75

18 添加辅助文字,并添加图层样式,如图14-76所示。

图14-76

19 继续为文字添加高光效果。最终效果如图14-77所示。

图14-77

步骤4 制作朱雀

1 制作第3个滑板"朱雀"。按【Ctrl+N】快捷键执行【新建】命令，在弹出的对话框中进行参数设置，得到一个新文件命名为"朱雀"，如图14-78所示。

图14-78

2 打开光盘中的图片文件"Chap 14/朱雀.jpg"，如图14-79所示。

图14-79

3 选择工具箱中的【移动工具】▶₊，将图片拖曳到"朱雀"文档中，如图14-80所示。

图14-80

4 选择工具箱中的【圆角矩形工具】▢，在画面中拖曳出一个圆角矩形，按【Ctrl+Enter】快捷键将路径转换为选区。按【Ctrl+J】快捷键复制选区内的图像到新图层，如图14-81所示。

图14-81

5 按照前两个的制作步骤，制作第3个滑板，如图14-82所示。

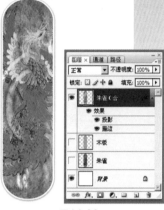

图14-82

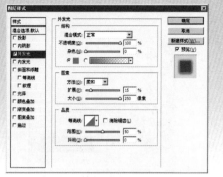

图14-85

6 打开光盘中的图片文件"Chap 14/朱雀字.jpg"，如图14-83所示。

7 将文字拖曳到"朱雀"文档中，将图层重命名为"朱雀字"，如图14-84所示。

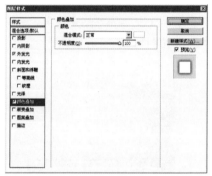

图14-86

图14-83　　　　图14-84

10 单击【确定】按钮，得到的图像效果与【图层】面板如图14-87所示。

8 在【图层】面板上双击"朱雀字"图层，在弹出的【图层样式】对话框中进行参数设置，将颜色设置为粉红色（R:246 G:60 B:134），如图14-85所示。

9 继续在【样式】列表中选择【颜色叠加】选项，在对话框中进行参数设置，如图14-86所示。

图14-87

11 添加辅助文字与高光效果，最终图像效果如图14-88所示。

图14-88

步骤5 制作玄武

1 制作第4个滑板"玄武"。按
【Ctrl+N】快捷键执行【新建】命
令，在弹出的对话框中进行参数设置，
得到一个新文件命名为"玄武"，如图
14-89所示。

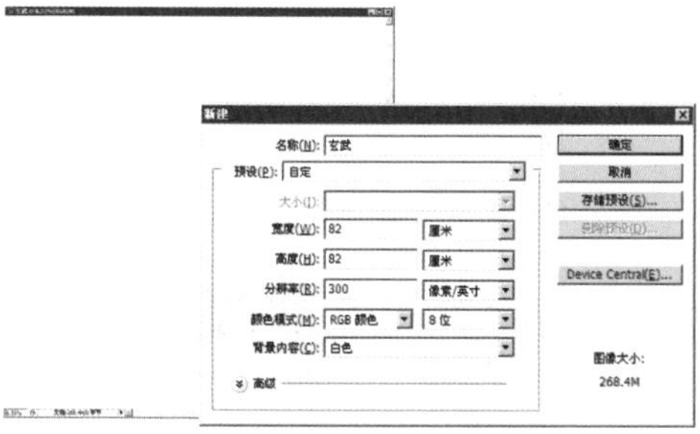

图14-89

2 打开光盘中的图片文件"Chap
14/玄武.jpg"，如图14-90所示。

图14-90

3 选择工具箱中的【移动工具】，
将图片拖曳到"玄武"文档中，如
图14-91所示。

4 选择工具箱中的【圆角矩形工
具】，在画面中绘制一个圆角矩
形，按【Ctrl+Enter】快捷键转换为选
区。按【Ctrl+J】快捷键复制选区内的图
像到新图层，如图14-92所示。

图14-91 图14-92

5 按照前两个的制作步骤，制作第4
个滑板，如图14-93所示。

图14-93

6 打开光盘中的图片文件"Chap 14/
朱雀字.jpg"，如图14-94所示。

7 将文字拖曳到"玄武"文档中，如
图14-95所示。

图14-84

图14-95

8 在【图层】面板上双击"玄武字"图层,在弹出的【图层样式】对话框中进行参数设置,设置颜色为草绿色(R:102 G:102 B:0),如图14-96所示。

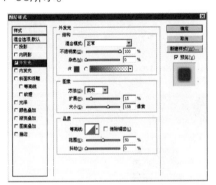

图14-96

9 继续在【样式】列表中选择【颜色叠加】选项,在对话框中进行参数设置,如图14-97所示。

图14-97

10 单击【确定】按钮,得到的图像效果与【图层】面板如图14-98所示。

图14-98

11 添加辅助文字与高光效果,最终图像效果如图14-99所示。

图14-99

步骤6 制作效果图

1 按【Ctrl+N】快捷键执行【新建】命令,在弹出的对话框中进行参数设置,得到一个新文件命名为"青白朱玄效果图",如图14-100所示。

2 切换到"青龙"文档中,选择相关的图层,如图14-101所示。按【Ctrl+E】快捷键合并图层,如图14-102所示。

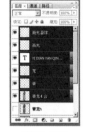

图14-100

图14-101   图14-102

3 选择工具箱中的【移动工具】▶⁺，将图片拖曳到"青白朱玄效果图"文档中，如图14-103所示。

图14-103

4 将其他3个滑板也合并图层，并拖曳到效果图文档中，如图14-104所示。

图14-104

5 添加文字，最终效果如图14-105所示。

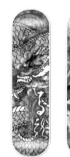

图14-105

14.3   技艺拓展——学习减淡与加深工具 ▷ ▷ ▷

　　【减淡工具】◉ 用来加亮图像中的局部。与摄影上的暗室一样，可通过提高图像中的部分亮度来校正曝光。【加深工具】◉ 可将局部的图像加深，其作用与【减淡工具】相反，操作方法相同。

14.3.1 减淡/加深工具选项栏

【减淡工具】选项栏如图14-106所示。【加深工具】选项栏如图14-107所示。在【范围】下拉菜单中，可以选择要处理的特殊色调区域，有以下3个选项：【阴影】用来提高暗部及阴影区域的亮度；【中间调】用来提高灰度区域的亮度；【高光】用来提高亮部区域的亮度。

【曝光度】用来设置曝光强度的百分比，建议使用时先把【曝光度】的值设置小一些，这样比较容易把握，减淡的效果会更加自然。

图14-106   图14-107

14.3.2 减淡/加深工具应用

1 打开光盘中的图片文件"Chap 14/技艺拓展/苹果.jpg"，如图14-108所示。

图14-108

2 选择工具箱中的【加深工具】，如图14-109所示。

图14-109

3 在画面的适当位置上进行涂抹，效果如图14-110所示。

图14-110

4 选择工具箱中的【减淡工具】，并在工具选项栏中进行参数设置，如图14-111所示。

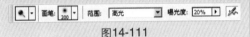

图14-111

5 在苹果与桌子的亮部进行涂抹，效果如图14-112所示。

图14-112

6 添加文字，最终图像效果如图14-113所示。

图14-113

博文视点资讯有限公司（BROADVIEW Information Co.,Ltd.）是信息产业部直属的中央一级科技与教育出版社——电子工业出版社（PHEI）与国内最大的IT技术网站CSDN.NET和最具专业水准的IT杂志社《程序员》合资成立的以IT图书出版为主业、开展相关信息和知识增值服务的资讯公司。

我们的理念是：创新专业出版体制；培养职业出版队伍；打造精品出版品牌；完善全面出版服务。

秉承博文视点的理念，博文视点的产品线为面向IT专业人员的出版物和相关服务。博文视点将重点做好以下工作：

（1）在技术领域开发专业作（译）者群体和高质量的原创图书

（2）在图书领域建立专业的选题策划和审读机制

（3）在市场领域开创有效的宣传手段和营销渠道

博文视点有效地综合了电子工业出版社、《程序员》杂志社和CSDN.NET的资源和人才，建立全新专业的立体出版机制，确立独特的出版特色和优势，将打造IT出版领域的著名品牌，并力争成为中国最具影响力的专业IT出版和服务提供商。

作为合资公司，博文视点的团队融合了各方面的精英力量：原电子工业出版社IT图书专业出版实力的代表部门——计算机图书事业部的团队；《程序员》杂志社和CSDN网站的主创人员；著名IT专业图书策划人周筠女士及其创作群。这是一个整合专业技术人员和专业出版人员的团队；这是一个充满创新意识和创作激情的团队；这是一个不断进取、追求卓越的团队。

电子工业出版社与《程序员》杂志和CSDN网站的合作以最有效率的方式形成了出版资源、媒体资源、网络资源的整合和互动，成为2003年IT出版界备受瞩目的事件。

"技术凝聚实力，专业创新出版"，BROADVIEW与您携手共迎信息时代的机遇与挑战！

博文视点

地址：北京市万寿路金家村288号华信大厦804室

邮　编：100036

总　机：010-51260888　　传　真：010-51260888-802

作者读者热线（国内作者写作图书）：010-88254362

国外作者写作、引进版图书：010-88254363

http://www.broadview.com.cn

投稿及读者反馈：editor@broadview.com.cn

武汉分部地址：武汉市洪山区吴家湾邮科院路特1号湖北信息产业科技大厦14楼1406　邮编：430074

电话：027-87690812　　E-mail：feedback@broadview.com.cn

《Photoshop CS3中文版商业设计完美提案》读者调查表

亲爱的读者朋友，感谢您购买博文视点的图书，敬请您提出宝贵的意见，使我们的服务品质得到更高的提升，您的意见是我们创造精品的动力源泉！

姓名（网名亦可）：_____　　　性别：男□　　女□

职业：_____　　　常用邮箱：_____ @_____

电话：_____　　　博客：http://_____

（1）您购买设计类图书主要是因为：
□工作中需要　□学习需要　□培训需要　□业余爱好

（2）您认为是什么吸引了您购买此书（可多选）：
□价格适中，内容又正好适合我　□网络上的广告　□书店中的海报
□作者知名度　□出版社知名度　□其它原因_____

（3）您喜欢去专业设计网站（如视觉中国、蓝色理想、5D多媒体）学习或者交流吗？
□去　□偶尔去　□不去，因为不知道　□不去，因为没时间

（4）您能向我们推荐您喜欢的网络设计媒体、社区或设计人员博客吗（能写下大概名字即可）：
_____

（5）您平时主要在哪里购买图书：
□网上购买　□书店　□软件销售处　□商场　□其它_____

（6）您喜欢在以下哪家网上书店购买图书：
□当当网　□卓越网　□第二书店　□互动出版网　□华储网　□蔚蓝网　□其它_____

（7）如果根据书中的内容，举办一些设计比赛，您参加吗：
□愿意，如果我知道　□愿意，如果奖品丰富　□不愿意，因为肯定没戏　□不愿意，但是我会关注

（8）您希望我们举办一些什么类型的活动？（可多选）：
□设计理论讲座　□实用技巧讲座　□设计比赛　□其它_____

（9）如果去书店买书，您会停下来关注书店里的招贴广告吗：
□会，如果广告设计精美　□会，如果是自己需要的书　□不会，很少注意店堂海报

（10）您平时是如何学习设计类软件的（可多选）：
□看书　□看视频光碟　□上设计培训班　□上网学习

（11）您能举出一本您最喜欢的设计类图书的名字吗：_____

此表请寄：北京市朝阳区酒仙桥路14号兆维工业园B区3楼2门1层博文视点　鲁怡娜 收

邮　　编：100016

反侵权盗版声明

电子工业出版社依法对本作品享有专有出版权。任何未经权利人书面许可，复制、销售或通过信息网络传播本作品的行为；歪曲、篡改、剽窃本作品的行为，均违反《中华人民共和国著作权法》，其行为人应承担相应的民事责任和行政责任，构成犯罪的，将被依法追究刑事责任。

为了维护市场秩序，保护权利人的合法权益，我社将依法查处和打击侵权盗版的单位和个人。欢迎社会各界人士积极举报侵权盗版行为，本社将奖励举报有功人员，并保证举报人的信息不被泄露。

举报电话：（010）88254396；（010）88258888

传　　真：（010）88254397

E-mail：dbqq@phei.com.cn

通信地址：北京市万寿路173信箱
　　　　　电子工业出版社总编办公室

邮　　编：100036